优雅价值百万
是女人最美的外衣

张　然◎著

你的优雅价值百万

优雅是女人最美的外衣

Your Elegant Worth Millions

中国商业出版社

图书在版编目（CIP）数据

你的优雅价值百万 / 张然著 . -- 北京：中国商业出版社，2013.1
ISBN 978-7-5044-7471-1

Ⅰ. ①你… Ⅱ. ①张… Ⅲ. ①女性—修养—通俗读物
Ⅳ. ① B825-49

中国版本图书馆 CIP 数据核字（2013）第 001088 号

责任编辑：张振学

中国商业出版社出版发行
010-63180647 www.c-cbook.com
（100053 北京广安门内报国寺 1 号）
新华书店总店北京发行所经销
北京毅峰迅捷印制有限公司
内文制作 百朗文化
*
710×1000 毫米 16 开 16 印张 240 千字
2013 年 3 月第 1 版 2013 年 3 月第 1 次印刷
定价：32.00 元
* * * *
（如有印装质量问题可更换）

前言

Preface

通常人们都喜欢用沉鱼落雁、闭月羞花来形容女人的美丽，然而，这些词语都是用来修饰容颜的，这样的美只是过眼烟云，随着青春的流逝，这种美会消逝得无影无踪。而有些女人的美丽却能成为一种永恒，她们以优雅、含蓄的气质美装扮自己的内在与外在世界。优雅让女人无论在生命的哪个阶段，都能如花绽放。

优雅是一种内在气质，优雅是一种风度，也是一个人独特的风格。一个优雅的女人，心静如水，弹指间尽是芳华，这是岁月的磨砺孕育出的由内及外的气质。如《花样年华》中的张曼玉，有一点妖娆，有一点含蓄，安静得如同处子，回环往复的是一颗优雅的心。她着一身曼妙的旗袍，迈着轻盈的步伐，在巷口留一个修长的背影，在昏黄街灯下迷离着一双透彻迷茫的眼睛……

其实，优雅无关年龄。有人说，女人的优雅，在年轻的时候，是一份美丽与温柔；在中年的时候，是一份成熟与坚毅；在年老的时候，是一份理解与呵护。

生命是一个过程，每一个季节都有属于自己的美丽。从很大程度上来讲，并不是说你拥有青春、拥有生命的活力，就拥有优雅，一个女人的优雅是从骨子里透出来的，需要用心去感受。优雅就像是一道无形的光环，一种无以言说的高贵气质。在现实生活中，只有有了一定阅历的女人，才有可能拥有真正的优雅。

优雅的女人不一定漂亮，但是她们懂得如何修饰自己。她们不会粗枝大叶，对于细节的关注程度决定了她们会巧妙地掩饰小缺点，从而尽力显现自己的魅力。这样，走在大街上或者办公楼里，她们同样会赢得很高的“回头率”。

优雅的女人不一定张扬，但是她们懂得如何显示格调。即便长相平平，她们也会意气风发地对待自己和生活。比如着装，自甘慵懒、不修边幅的女人永远不会优雅，真正优雅的女人不会在着装上“鹤立鸡群”，但是她们清清爽爽、适合自己的穿着永远都那么富有格调，好像空谷幽兰，精致淡雅；又像月夜笛声，沁人心脾。

优雅的女人可以没有惊艳的容貌，但不能没有清新淡雅的妆容；可以没有模特的形体，但不能没有匀称的身材；可以没有优越家境的熏陶，但绝对不能没有闲适恬淡的处世态度，不能没有忍耐、理解和宽容。

对于生活，优雅的女人也有自己独到的见解，从不人云亦云；对于美丽，优雅的女人会用自己的知识与智慧逐渐充实完善。在前人今人的见识面前，她们懂得吸收和舍弃。对于过去，优雅的女人懂得不断审视，将最圣洁、最珍惜的东西分类整理到心中最柔软的角落，永不会忘记但从不在人前提起。对于困顿，优雅的女人会水来土掩，化有形为无形。

总之，优雅的女人内蕴像茶，需要静心品味，才能齿颊留香；优雅的女人气质如莲，亭亭玉立，高贵脱俗；优雅的女人如通幽曲径，绿荫轻笼，沉静如诗，她的美丽不是一览无余，而是永远让人充满无限想象。

翻开本书，你也可以做一个优雅的女子！

目录

Contents

前言 / 1

第一章　优雅是女人一生的资本 / 1

优雅是一朵花，一朵圣洁的莲花，洁身自好，一尘不染。而拥有优雅的女人则会由内而外散发出一种从容、高贵、圣洁的气质，这种气质可以说是女人一生的资本，它时刻影响着女人的一生。

优雅是女人最美的外衣 / 3

优雅源自淡定与自信 / 5

女人应保持一颗爱美的心 / 8

有气场的女人最具魅力 / 10

发现自己的优势 / 13

温柔是征服男人的秘密武器 / 15

善良的女人最优雅 / 17

有品位的女人最快乐 / 19

坚强的女人更受尊重 / 21

恰当着装，提升优雅形象 / 24

第二章　淡然恬静：把优雅当成一种生活态度 / 27

时间可以洗去女人年轻的容颜，但却永远不能挥散女人经过岁月的积淀而焕发出来的优雅与自然美。这份美丽就是女人经过生活的洗礼后而成就的修养与智慧，就像秋天里弥漫的果香一样，是由内而外散发出来的。

爱美是女人的天性 / 29
理想是浪漫的，生活是平淡的 / 32
做成功男人背后的伟大女人 / 35
温柔优雅和干练豁达并不冲突 / 37
放下欲望，平淡的就是快乐的 / 39
在婚姻中扮演好自己的角色 / 43
宠辱不惊，心境淡然 / 45
放下包袱，轻装前行 / 48
快乐要靠自己去选择 / 50
把微笑写在脸上，幸福与阳光同在 / 52

第三章　修炼心态：优雅女人应拥有一颗高贵的心 / 55

一位哲人曾说过："当生活像一首歌那样轻快、流畅时，笑颜常开乃是易事；然而当一切事情都非常糟糕的时候仍能保持微笑的人，才是活得最优雅、最有价值的人。"作为一个女人，应该培养一颗优雅高贵的心来应对人生中的酸甜苦辣，百味杂陈。

摆正心态，做一个睿智的女人 / 57
适度忍耐也是一种美德 / 60
别让嫉妒心理害了你 / 62
别让心灵落上尘埃 / 64

不必刻意追求完美 / 67
积极面对人生中的每一天 / 69
自信让女人更美丽 / 72
以一颗平常心沐浴阳光 / 74
快乐需要用心去浇灌 / 77
乐观让心境充满阳光 / 80

第四章　提升修养：女人可以没钱，不能缺少修养 / 83

一个有修养的女人，坐立行走、举手投足、喜怒哀乐都会散发出优雅的气质，这也是其内在文化素质的外在表现。如张曼玉历久弥香的醇美、杨澜饱含文化底蕴的书香气，就把女人的优雅气质诠释到了极致。因此，有人说，作为一个女人，可以没钱，但不能缺少了修养。

修养是滋润心田的香茗 / 85
礼貌是一张通行证 / 87
修养身心，荣辱不惊 / 90
气质源自良好的修养 / 93
谦逊处世，收敛起自己的锋芒 / 95
克制自己，退一步海阔天空 / 97
忍让是良好修养的体现 / 99
心胸开阔人生道路更宽阔 / 102
做一个有气度的女人 / 104
不要吝啬你的赞美 / 105

第五章　秀出气质：内外兼修，让优雅如花绽放 / 109

岁月会在脸上留下痕迹，容颜会衰老，而温柔、善良、智慧的本性却不会随着时间的流逝而改变，只会增添个性的魅力。与其做一个漂亮空洞的花瓶，不如培养自己的内在气质，让你由内而外散发永久的迷人魅力。

内在美是永远不败的花 / 111
知性女子魅力无限 / 113
善良是一种永恒的美 / 115
用微笑展现你的高雅气质 / 118
给自己保鲜也是为爱情保鲜 / 121
学会打理自己的衣橱 / 123
适合自己的才是最好的 / 126
女人味是一种无形的吸引力 / 128
性感女人，男人们追逐的对象 / 130
秀出自己的美丽与才华 / 132

第六章　智慧谈吐：让好口才为优雅形象加分 / 135

话，人人会说，不过有些人说话大家喜欢听；有些人一开口就让人不忍再闻。差别就在于口才的好坏，好口才对于女人来说很重要，它能为你的优雅形象加分，让你在任何场合畅通无阻。

礼仪是交谈的基础 / 137
给语言穿上迷人的外衣 / 139
委婉是最有效的表达艺术 / 142
口不择言招人烦 / 146

适当保持缄默，不争口角上风 / 149
恭维如香水，可以闻不能喝 / 151
他人自尊伤不得 / 154
言多必失，远离长舌八卦 / 156
别让唠叨侵蚀了你的幸福 / 159

第七章 网罗人脉：争做最具人气的魅力达人 / 163

人际关系的好坏直接影响着女人幸福的程度。女人应该充分运用自己的优势和魅力来获得别人的好感与信任，进而找到打开成功交际之门的第一把钥匙。一个女人的社交活动越频繁，她成功的几率就越大。因此，女人除了要具备一定的生存技能，还应拓展自己的人际关系，以便在未来可以有更广阔的视野和更好的发展。

像整理衣柜一样整理人际 / 165
友情是一种宝贵的财富 / 168
为朋友付出不讲求回报 / 170
倾听也是一种交流方式 / 172
礼让是沟通情感的桥梁 / 174
时刻要给他人留面子 / 177
用欣赏的眼光看待每个人 / 180
信任他人，才能互信 / 182
生活需要记忆更需要忘记 / 185
让友谊历久弥香 / 187

第八章　驰骋职场：你的优雅气质值百万 / 191

优雅的气质是一件永远穿不破的美丽衣裳，它使女人永远时尚美丽、温馨、浪漫。这种气质来源于知识、来源于劳动、来源于善良、来源于自信。它不会随着时光流逝，它是一种永不褪色的美丽。在职场中，这种气质是女性最好的名片，它可以让你在职场中畅通无阻。

独立的女人更有魅力 / 193
女人应当不断给自己“充电” / 195
成功靠努力，不是靠运气 / 197
不要吝啬自己的微笑 / 200
幽默是女性的通行证 / 202
失败不可怕，失去信心最可怕 / 205
勤奋和智慧缺一不可 / 207
变通是一种处世大智慧 / 210
做好每一件小事 / 212

第九章　注重细节：做一个完美的知性女子 / 215

从细节做起是一种良好的习惯，它督促我们不浪费一点一滴的时间，懂得一寸光阴一寸金；从细节做起是一种正确的心态，它要求我们不好高骛远，懂得千里之行，始于足下；从细节做起是一种优秀的品格，它鞭策我们要讲求诚信，做到一言九鼎、一诺千金。

做好小事才能成就大事 / 217
注重信誉，恪守承诺 / 219
做个勤俭的女人 / 222
别让虚荣毁掉你的幸福 / 224

细节问题不容忽视 / 227
做好每一个细节 / 229
遇事不必太较真 / 231
大事讲原则，小事当变通 / 234
换个角度，换种思维看问题 / 237
女人因智慧而美丽优雅 / 240

第一章
优雅是女人一生的资本

优雅是一朵花，一朵圣洁的莲花，洁身自好，一尘不染。而拥有优雅的女人则会由内而外散发出一种从容、高贵、圣洁的气质，这种气质可以说是女人一生的资本，它时刻影响着女人的一生。

优雅是女人最美的外衣

拥有优雅的女人随着峥嵘的岁月在成长，但她们的眼依然清澈透明，没有任何杂质，她们抱着本真前行，从未丢弃那美好的纯真。她们有着水晶般晶莹剔透的心灵，很单纯也很轻盈。

随着无情岁月的流逝，老了女人的容颜，而那些优雅的女人没有让她那颗激情澎湃、涌动如潮的心变老，她们的脸上依然洋溢着青春的微笑、心底依然散发着年轻的气息。

也许拥有优雅的女人并没有美丽的外表，可是她拥有纯洁的心灵。她追求真理，渴求知识，她厌恶那些邪恶、贪婪、恶毒，更不齿于嫉妒、怨恨、侮慢、竞争、诡诈，对自夸、造谣更是冷漠置之。

也许拥有优雅的女人没有过着富足的生活，但她们却从不慨叹命运。她们的内心充满了仁爱、喜乐、和平，她们节制自己的内心，她们忍耐、恩慈、良善、温柔，她们不甘落在人后，不为名利所累。

也许拥有优雅的女人会身无分文，但她们从不认为自己一无所有，而且内心非常满足，她们的内心被爱包裹着。使那颗心变得更加美丽，既柔情似水又无比坚强。她们的心充满了感恩的因子，眼中常常会有盈眶的泪水、脸上常常会有闪耀的光辉，因为她们经常被爱感动。她们从不乞求别人给予自己爱，而是将满腔的爱奉献给那些需要抚慰的心灵，并且不求任何回报，她们的内心满怀着爱，像温暖的火，烘干别人潮湿的心。

也许拥有优雅的女人抗拒不了岁月在她们脸上添加的那一道道皱纹，也许她们已不再年轻，但是她们对生活却有着无穷的乐趣及永不枯竭的热爱。她们目光所及，无不充满了好奇，她们的字典里从来没有郁闷与烦躁。她们喜欢像小鱼一样，自由自在地在这广阔的人生海

洋里遨游，而且用她们独特的视角，记录下每天的感动。当她静静地观看窗外风景时，心也随着大自然的美好景观而飞向远方，展着希望的翅膀飞向那湛蓝壮阔的天空。

也许拥有优雅的女人并不精明，可是她们却不能够不思考，不能够没有智慧。在名利与智慧面前，她会选择拥抱智慧。

拥有智慧的女人是从容的，更是大度的。她会远离嘈杂，并且远处观看它，当她置身事外时，她对于名与利为何受欢迎而感到疑惑不解，那些人疯狂地为它争来争去，打破了头，流了血，受了伤，没了命，衣衫不整、蓬头垢面，还要视死如归、前仆后继。她不理解为什么这浅短的利益就能迷住人的眼，她也只能无奈地甩一甩头，甩掉这世俗无聊的一切，尽管这繁华散尽，她依然执著如初。

在这个世界里，她们总能够轻灵地纷飞。她们看待世界的眼光，是儿童般的率真，充满了真诚，这种眼神能够让冰雪消融，能够让冷风驻足。

也许拥有优雅的女人永远都学不会自私，可正因为如此，她们会更加美丽动人，她们的这份无私让人相信温暖，仅仅是她们在举手投足之间，也会散发出迷人的魅力。她们给人以温暖、慰藉与信任，同时还严格要求自己，自尊、自爱、自信、自强。她们从没有让颓废、空虚、迷茫近身，她们的内心很酷，当然这不是冷酷，而是她们有强大的内心，不但不会践踏自己，更不会去刺伤别人。无论时间怎样流逝，都不会让她们的毅力被磨折，更不会使她们内心屈服，缺失了信念。

优雅源自淡定与自信

俗话说："宝剑锋从磨砺出，梅花香自苦寒来。""梅花"要有香也需要自信，相信即使生长的环境不好，只要努力，一样能开出美丽的"梅花"，散发属于"梅花"的香气。女人也一样，也要发挥出自己独有的"香气"。

有人说，女的人优雅源自内心的淡定与自信。自信的女人，走路的时候昂首阔步，沉着坦定的表情告诉人们她们的自信所在；自信的女人，坐在餐厅跟坐在大排档都一样的优雅而风采不减，微笑的魅力使她们把握住人们的视线所在；自信的女人，买东西的时候不会徜徉不定，走到自己喜欢的东西面前，挑选最合适自己的东西。

自信的女人，无论家庭、事业、交际，都能一帆风顺，偶尔出现的挫折打击，总能被她们轻巧化去，一举手、一投足间，便能使事情向着有利于她们的方向转去。

自信的女人，也许会疲劳，因为自信会带来众人的期待和信任，会令她们走进一个又一个劳心劳力的圈子，但是，自信的她们，总有办法用最短的时间最恰当的方式巧妙的处理妥当，在众人的赞叹声中，保持她们自信的微笑，给大家送去定心的精神动力。

身为台湾地区最近人气最旺的女人，林志玲接受媒体采访时却表示自己也经常有不自信的时候："我有的时候也会觉得没有别人漂亮，没有别人有个性，没有别人高，因此就对自己打个问号，问自己是不是有太多的地方需要加强。但是我后来发现女人千万不能不自信。信心和安全感不是别人能够给你的，一定要靠自己。所以后来想想自己也有自己的特质，不用羡慕别人。"

林志玲说希望自己能够为30岁的女人树立一个自信的好榜样，"你看，我这样的年纪有这么多的机遇，也是自己从来没有想到过的。所以希望通过我，让大家看到30岁的女人也可以有很多机会，更有自信。"

从林志玲的话中，我们不难发现，其实女人自信很简单，就是千万不要看轻自己，不能因为自己的出身比别人低就自轻自贱。女人一定要自爱，只有自爱才能有自信。

自信的女人，不一定天姿国色，不一定闭月羞花，甚至可能相貌平平，但是，因为那份自信，她们瞬间便变得光彩耀人，变得淡雅高贵，因而，无论在哪个场合，她们都是最耀眼的焦点，而且永远不会因为容颜的衰老而失去自己的魅力。

自信的女人，不一定拥有自己的事业，但拥有事业的她们，一定能够在事业上挥洒自如，让上级下级同事对手都心悦诚服的佩服她工作的能力。在工作上的她们，举重若轻，急大局于所急，做事稳妥细致，拥有自信女人的企业，也拥有了一份自信的明天。

自信的女人，不一定是女强人。女强人的雷厉风行不可一世总使人敬而远之。而自信的女人却没有这样的特点，她们或者刚强，或者柔弱，或者中性，但都使人易于接近、喜欢接近。刚强的她们，会露出豪爽的一面，用一份坦诚与爽朗使你心悦诚服；柔弱的她们，总容易使人们对她心生怜爱，继而心甘情愿为她做事；中性的她们，长袖善舞，无论男人女人都对她欣赏佩服，那便更是源于一分自信的洒脱了。

女人只要拥有了自信，便有了自己独立的思想，有正确的人生观，这样的女人往往知道自己想要什么，能要什么，这样的女人或者外表并不美丽，但是她那种由内而外散发出来的气质，已经不知不觉得征服了大家，不管是男人还是女人，都会喜欢与之交往。因为那是轻松无压力的相处方式。

做一个自信的女人，你会发现你比以前更快乐，因为你不会把自己的全部心思都放在一个男人身上，你做自己想做的事，努力不断地提高自己，当你是一个成熟而自信的女性时，那时，你的男人会更加呵护你，因为如你这么迷人优秀的女人，他一定会盯牢不给别人任何机会的。

当然，自信的女人，不同于自负的女人。自负的女人，或者容貌出众，或者才华杰出，或者家财万贯，或者权倾一时。而自信的女人，可能一无所有。然而，这两者的区别却又如此明显，自负的女人总是目空一切，高高凌驾于众人之上，仗着自己的优势，不肯轻易向凡间俗物略微点头，给人一种望而生畏的感觉。而自信的女人，因为自信而多了平和，多了宽容，多了礼貌，多了和颜悦色，因而，众人眼中的她，犹如圣母玛利亚般，易于交谈、易于接近，因而愿意亲近。

如果你想做个美丽女人，那么，请扬起你自信的头颅吧，让自信的微笑时常挂在你的嘴角，相信无论何时何地，你都会成为最美丽动人的女人，成为生活的主角。女人可以长得不甚漂亮，女人可以地位不很高贵，女人可以生活不太富裕，女人可以学识不算渊博……但是，女人不能失去自信。因为，女人有充分的理由可以自信：我们不漂亮但我们健康；我们不高贵但我们快乐；我们不富裕但我们知足；我们的学识不渊博但我们一直没有放弃努力……女人，让你的脸上显露出自信的笑容吧，这自信的笑容会让你更加美丽！

女人应保持一颗爱美的心

女人应该保持一颗爱美的心，接受大自然赐予我们的身体；珍爱自己，做无忧无虑香甜惬意的美梦……营养、睡眠、饮水是女人保持精神焕发，神采奕奕的秘诀，这样的女人永远都有一份独特的魅力。

很多人都会有这样一种心态，大家公认说你好看，你就会觉得自己美丽；而当别人说你不好看的时候，就会缺乏信心，认为自己很难看。其实，这是一种典型的“从众心理”。中国人有含蓄、传统的美德，有时就更会受“从众心理”的影响。其实，对于女人来讲，美丽源于一种自信、一种快乐的心态。女人要学会自己给自己动力，如果觉得自己很美，那就应该坚持，每个人的审美角度不同，这个人说你不好看，说不定，在另一个人眼里，你就是一道美丽的风景线呢？

女人的美丽包含了无比丰富的内容：体貌，装饰，修养，举止及气质为一体的吸引力；有属于女人特有的无尽的包容力；有属于女人的对纯洁生命的美好的企望。女人真正的美丽并不单单是一张漂亮的脸蛋或一幅曼妙的身姿。美丽不全在浮华的外表，它是温婉可人的资质，是喧嚣中的晶莹品性，是灵动却不嚣张的才情，是弥久日醇的魅力，是永不褪色的女人风采。美丽是心态，才情，神韵的综合体。外貌的端正加上内心的丰富才形成女人的美丽。它可以从发梢流动到足尖柔润女人的整个身心。女人之所以能将自身的魅力展现出来，起惊人作用的是内在美，心的美，就是气质，修养和智慧。

在演艺圈内很多人为了追逐名利，常把自己弄得焦头烂额。在这方面，蒋雯丽却一直保持一种较为健康、平和的心态。

人们常说演员是吃青春饭的，因为对一个演员来说拥有青春，就意味着拥有更多的机会。对此，蒋雯丽并不以为然，与很多明星和艺人不同的是，蒋雯丽并没有刻意节食去保持身材。

她一直保持着自己的一套饮食习惯，既不少吃也不会暴饮暴食。而很多人都很关心的美容养颜问题，蒋雯丽谈起来也是轻描淡写，她说自己并没有特别在意这些，只是在家里做一些简单的皮肤护理，到美容院的次数极少。

蒋雯丽认为，美由心生，心态很重要，只要心态健康，美就会在你的脸上显现出来，而相比于脸上是否多一条皱纹，良好的心态要重要得多。

不拍戏时，蒋雯丽的生活过得很放松。儿子上了幼儿园，她可以自由支配很多时间，比如看看剧本，跟朋友聊天，或者是看一张自己喜欢的碟。原来和朋友聊天会觉得是浪费时间，现在和朋友喝一杯茶，坐一下午会觉得特别美好。蒋雯丽说她现在很享受这种生活的快乐。

蒋雯丽说她现在内心还依然保有小女孩的心态，偶尔还会涂抹一些文字和图画，记录自己那些不为人知的心事和情绪。她说，丈夫很喜欢她的画，虽然很幼稚，但他说里面有一种梦一样的东西。能够看到、并欣赏这一点的人，即使常常会忘记自己的生日，也是值得珍惜和相守的人。毕竟心灵远比形式重要得多。

其实，正如蒋雯丽所讲的一样，美由心生，心态很重要。做一个美丽的女人是女人心底最渴望的秘密。其实美丽并非想象的那么难，美丽的真正含义是拥用一份清闲的生活状态和对是非的那种云淡风清的怡然心境。曾经看过一个拍摄一对侏儒夫妇的专题片。女主人公不足一米的小小身子上由一个短到几乎可以忽略的脖子支撑着硕大而沧桑的脸。面对摄像机镜头，她从容地涂着唇膏，微笑着说："我喜欢化妆，越看越好看，越看越美丽。"这是一种什么样的心境啊！美丽正是来自对生活的热爱和发自内心的一种平和的心境。

这样看来，年轻并不代表美丽，财富并不代表美丽，容貌不决定美丽。终日愁眉苦脸长吁短叹会让皱纹过早地带走青春的光泽，对生活的厌倦和疲惫会使原本美丽的脸失去热情和活力。一个对自己失去信心的人怎么可能爱自己呢？只有热爱生活、热爱生命的人才会珍惜自己、善待自己，才会充满对美的渴望，才会不停地去追寻美、创造美啊！

所以，保持一份好心情吧。用最适合自己化妆品，梳最适合自己的发型，用最适合自己的颜色装扮自己，把最灿烂的微笑送给周围的人……优雅的女人如同一瓶高档香水，于不觉处隐隐散发着迷人的魅力。

有气场的女人最具魅力

全世界有无数人顶着成功的光环，生活中有很多人过得幸福快乐，这些成功和快乐的人总是受到人们的羡慕。那么，我们能不能和他们一样幸福快乐？奥秘就在你自己的气场之中。

女人天生就应该有女人味，而女人味的一个重要表现就是不做"男人婆"，不做强势女，而要做一个气场女人。

很多女人会错误地认为：一个强势女人，她的气场就应该很强大，弱势的人气场就很小。因此做事情雷厉风行，无论工作还是生活，始终表现出一副“男人婆”的样子，一副女强人的样子。

殊不知，女人太强势会给人以压迫的感觉。也就是说，没有气场的强势不能让人欣然接受，甚至让周边的人抗拒。而气场不一定要你表现出多强烈的外部行动，有时甚至可以很温柔，却能让人欣然接受。

那么如何让强势女人变成气场女人呢？答案就是：适度收敛，内外兼修。

适度收敛，就是要求女人回到家里，脱掉工作中“强势”的外衣，重新变得优雅、温柔，同时要学会撒娇和示弱，这样跟身边的人相处起来才会更融洽。

内修，就是修炼素养、内涵。一个没有素养与内涵的人即使穿着再名贵的衣衫也不能体现衣物的价值感，即使长着再漂亮的脸蛋也只能沦为一个花瓶。内修是修炼女人的底子，这就像我们日常护理皮肤一样，内修是水和乳液，起着基础却最重要的护理作用，根本性地决定着女人皮肤的好坏。

外修，则是更好地形成一个外部的形象、印象，给整个人提升一个高度。这也通常是一个人风格的形成时期。外修就像彩妆，调匀了肤色，补好了眉毛，画好了眼线，上了腮红，有时甚至可以让人有重生般的蜕变。

因此，女人的内外兼修应该是一个整体，割裂了都会像是一个毛坯房或是卖场的一堆家具，没有吸引力，更谈不上有气场了。

要想做一个受欢迎的女人，请一定记住：不做女强人，要做强女人。强女人就是女人要自强，自强但不争强，这是修炼气场美女的一个原则。

说到气场，不得不提玛丽莲·梦露，她是一个不论出现在哪里都立刻会吸引所有人注意的女人，她夺去所有人的注意，集万千宠爱于一身。这就是一个人气场的魅力。

全世界只有一个玛丽莲·梦露，但是相信每个女人都希望像她那样光彩照人。其实我们每个人都有能力和机会像她那样光彩照人，因为我们都拥有这样的潜力——通过培养气场，让自己变得光彩夺目。

气场千差万别，互不相同。

因为自身生理、心理和所处环境的千差万别，每个人都有一份独特的气场。

也就是说，每一个人的气场都是独一无二的，每一个人的气场性质亦是千差万别，从不同的角度可以分成不同的种类。

世界上没有两个完全相同的气场，而且气场的性质和强弱可以随人、事物的改变而改变，也会随周围环境的变化而不断变化。所以每个人的气场都不是一成不变的。

人在社会中生活，既然每个个体都有自己的一个小气场，那么社会中的人群就会组成大小不一的中型气场，社会这个大气场则是由若干个中型气场按照千变万化的方式组合而成。不同的气场之间不断相互影响，这就是平衡——冲突——平衡的过程，最后达成一种动态的平衡，共同形成社会这个大气场。每个人的气场不仅会和周围人的气场互相影响，也会受社会这个大型气场的影响。这种影响的主要表现形式是相互之间不断地排斥，同时又不断地彼此同化。

有研究发现，世界范围内任何成功人士的成功秘密都是强大气场引起的。这不仅限于女性，像我们熟悉的微软前总裁比尔·盖茨、股神巴菲特、苹果公司的史蒂夫·乔布斯、俄罗斯总统梅德韦杰夫、美国总统奥巴马、世界著名的脱口秀主持人奥普拉，几乎每个人都从气场的运用中得到了启迪和力量。政治家用气场赢得选民的支持，商人用气场赢得难以估量的财富，普通人用气场获得幸福。不过，尽管气场具有如此重要的作用，但是很多人不清楚自己的气场，也不清楚气场的作用。

气场带给女人的魅力不会随着年龄的增加而递减，反而会随着岁月的增加和经历的积累而不断升华，从而像张曼玉那样，年龄越大越有气场！总之，气场是个很神秘的东西，你如果相信它，修炼它，它就会改变你的生活，无论你的年龄多大，修炼气场都不算晚。

因此，年轻的女性朋友，如果你渴望爱情、健康、成功、幸福、荣誉、智慧，以及一切美好的东西，你就很有必要从现在开始了解并修炼你的气场了。

发现自己的优势

正视自己是获取成功和幸福的唯一要素。不能正视自己的人，要么自卑，要么自负，这些心态都不容易靠近幸福。

每一个女人都是降落凡间的天使，有妩媚多情的，有温婉宁静的，有洒脱干练的……要善于发现自己的优势：你可能不漂亮，但你很有气质；你可能不够聪明，但是你很可爱……最重要的是你要有自信，那你就是美丽的。

不要因外界事物的好坏而影响你的情绪，更不要认为你不行，其实你原本可以很能干、很出色的，只不过还没有遇到能够发现美丽的眼睛而已，那么首先就让自己发现自己吧！

一位母亲带着她的女儿来到心理学教授面前，诉说起女儿的情况：

“先生，我弄不明白她是怎么回事。她对自己的一切都马马虎虎、毫不经心，学业荒废，衣衫不整，吊儿郎当，浮皮潦草；对她周围的事物漠不关心，神不守舍。她如今都十七岁了，还这么不懂事，这可叫我如何是好？”

教授笑着说：“请允许我单独跟她谈一谈，好吗？也许我能了解她对自己和周围一切漠不关心的秘密所在。”

母亲走了，教授仔细观察着姑娘。这位衣衫不整、蓬头垢面的少女长得很美，但她的美却被邋遢的外表掩盖了。姑娘成熟了，而心理却很幼稚。

教授跟她聊天，她似听非听。教授沉默了一会儿，突然问她：

“孩子，你难道不知道你是个非常漂亮、非常好的姑娘吗？”

这句问话，使姑娘美丽的大眼睛里放射出一缕亮光。她慢慢抬起头来，久久盯着老教授那布满皱纹的善良面孔，一丝深沉的笑容浮现在她的脸上，如同沉梦方醒，看到了新的天地。

“您说什么？”姑娘惊喜地问。

“我说你很漂亮、很好，可你自己却不知道自己是个漂亮的好孩子。”

姑娘那秀丽的脸上更多地呈现出了舒心的微笑。这样的话她从未听到过，平时充塞她耳际的除了同学们的数落、嘲弄，就是母亲的谩骂。因而，她自己也就破罐破摔了。

教授拉着姑娘的手说：“孩子，今晚我和我的夫人要去剧院看芭蕾舞剧《天鹅湖》，特请你陪我们一块去。现在还有两个小时的时间，如果你愿意，请你回去换换衣服。我们在这儿等你。”

姑娘高兴极了，活蹦乱跳地跑出去，跟母亲一块回家去了。

快到时间了，教授听到一阵文雅的、轻轻的敲门声。打开门，他惊呆了：一身晚会的盛装衬托出一位出水芙蓉般的少女，两道如月般的细眉下是一双动人的眼睛，抬起来亮闪闪，低下去静幽幽；那富有活力的面庞，使她显得那么聪明伶俐，体态那么苗条健美。她的一颦一笑、一举一动都是那么文雅、自持、适度。教授简直认不出她就是刚才那位邋里邋遢的少女了。从此，姑娘变了，变得自爱而奋发，后来成了一位著名的舞蹈艺术家。

一个人最重要的是正视自己，做人既不要自卑又不能自负。看轻自己或者过于自负，都会使事情走向极端，都不是通往成功的可取态度。

成功者认为：“因为我就是我自己，才感到美好。”

失败者认为：“我若不是我，而是另一个人，那该多好啊！”

成功者的本质，归结起来就是：“自尊、自信，深知自己的价值。”

失败者的本质，归结起来就是：“自卑、疑虑，对他人的眼光过于敏感。”

因此，作为女人，要想获得成功，就要正视自己，拥有自信，自尊，充分发挥自我价值。如果没有你的允许，没有任何人能使你觉得自己低下。在困难面前，吸取经验，总结教训，这是更加自信的基础，也是女人的智慧所在。

正视自己就是对自己的综合能力能有一个客观公正的评价。高看自己的人总是认为自己的能力强，却未得到社会的承认而怀才不遇，闷闷不乐；看轻自己的人恰恰相反，会认为自己没什么高于常人的了不起的本事，已经得天独厚了，因此感激而快乐，在感恩的同时更加努力工作以回报社会。

其实，只要女孩自身能正视自己，坦然接受自己的一切，敢于大大方方地把真实的自己展现在别人面前时，别人就会被你的达观热情感染，快乐地接受你！因此，接受自己是走向成功的关键性一步。

温柔是征服男人的秘密武器

女人失去了温柔，也就失去了女人味，对于一个女性，特别是对一个女人来说，温柔是一种诱人之美，是一种高尚的力量。

上帝赋予男人阳刚之气，给予女人温柔之美。那温柔如水的恬静，绽放如花儿般的芬芳，让男人既迷恋又渴望，更激起他的坚强和自信。

对于男人而言，什么都能承受，什么都可以抗拒，但最经受不住的是女人的折腾，最抵挡不住的是女人的温柔，前者除非命中注定，否则一定不会心甘情愿；后者只要一旦遭遇，无论如何也会乐此不疲。

反之，不要以为你命令了他、警告了他，他就会按照你的要求去做，要知道，当我们希望得到既定的结果时，一定要为对方的接受程度考虑，不要向他频频地说出“不要”、“不许”、“不准”之类命令的话，否则他会恼羞成怒、宁死不买账，反而让你更加生气。

温柔是女人的天性，不要让时间和生活的磨练而丢失了它。男人们会尊敬在职场上和他们一样打天下的女人们，佩服她们的睿智、刚强、果断，但是他们一定不会娶这样的女人做老婆，太强悍的女人会让男人找不到事业上的优越感。试想一下，如果你比你老公还像“男人”，是不是悲哀呢？若你的老公比你还像“女人”，你敢要吗？男人靠自己的强大征服世界，女人靠自己的温柔征服男人。

有人说，女人存在的理由就是因为她具备男人所缺乏的温柔……让自己温柔、谦和起来吧，它的力量是你想象不到的，也许因为某件事你斥责了老公几十年，只差这么一点儿的温柔，你就可以改变他了。

中国女人的女人味哪去了？

美籍华人学者赵浩生教授曾来中国讲学，有位记者让他谈谈对现在中国女性的印象，他尖锐地指出："我发现国内青年女性，有的认为越泼越好，有的粗野蛮横，可是女人味哪里去了呢？中国女人温柔、善良、体贴的本性都消失了。"

女人失去了温柔，赵教授称为是"中国女人最大的悲哀"。可见，温柔，对于一个女人来说，是一种诱人之美，是一种高尚的力量。

造物者用了最和谐的美学原则来创造人类，它赋予了男性阳刚之美，又赋予女性阴柔之美，正因为两性之间各有其独特形态而形成鲜明对比，才使男女对立统一地组成了人类绝妙完美的世界。

用一"水"字来形容女性的柔美，真是一语道破了其中的妙韵。《红楼梦》中的贾宝玉说过："女儿是水做的骨肉。"所以，人见了便觉得清爽。他把大观园里的姊妹丫环们，都看得像清澈的水一样照人心目，一个个都显得高洁纯真、温柔娇嫩。在他的面前，这些女人展现了一个有如水晶一般明净的世界。女作家梅苑在《美人如水》一文中说，女人有点似水柔情，才有女人味道。真是高论妙极。可见，女性的诱人之处，正在于有似水的柔情，正在于温柔。世上绝少会有哪个男人喜欢女人的蛮、野、悍、泼、粗、俗。女性的似水柔情，对男性来说，是一种迷人的美，也是一种可以被其征服的力量。一位诗人说："女性向男性进攻，'温柔'常常是最有效的常规武器。"女人的温柔应表现在：善解人意，宽容忍让，谦和恭敬，温文尔雅。不仅有纤细、温顺、含蓄等方面的表现，也有缠绵、深沉、纯情、热烈等方面的流露。有的女人无限温存，像鹿一般温柔；有的女人像流泉，通体内外都充满着柔情……总之，女人的柔情各式各样，都像绚烂的鲜花，沁人心脾、醉人心肺。

温柔，来自女人性格的修养。女人要在自己的日常生活中，注意加强性格上的涵养，培养女性柔情。为此，女人特别要忌怒、忌狂，讲究语言美，把那些影响柔情发挥的不良性情彻底克服掉，让温柔的鲜花为女人的魅力而怒放。但女人的温柔，绝不是柔弱，丧失了自己独立的人格和独立的个性，也绝非女人之美德，而是一种耻辱。女人之温柔，是柔中有刚、柔韧有度，所以才柔媚可人。柔情似水，是女性诱人的魅力，是一种征服男人的巨大力量。

所以，聪明的女人千万不要让温柔从你身边悄悄溜走，同时悄悄溜走的也许还有你本身的幸福。

善良的女人最优雅

女人应该有一颗善良、感恩的心。心地善良、乐于助人的女人往往能够收获更多的人间温情，她的生命也将芳香永存，快乐也会常伴左右。

有一位哲人问他的学生："对一个人来说，最需要拥有的是什么？"答案很多，哲人都摇头否定，但有一位学生的答案令他露出了笑容，那位同学答道："一颗善心！"哲学家说："在这'善心'两字中，包括了别人所说的一切东西。因为有善心的人，对于自己能知足常乐，能去做一切与己适宜的事。对于他人，则是一个良好的伴侣和可亲的朋友。"

一颗善良的心，一种爱人的性情，可以说是一个女人最大的财富。虽然她给予他人以爱、同情和鼓励，然而她本身却并未因为给予而有所减少，反而会由于给予而获得更多。她把爱、同情、善意给人的愈多，她所能收回的爱、同情和善意也就愈多。

有一个女人一生都生活在痛苦中，死了以后，她想搞清这是为什么。于是她来到上帝的面前讨教怎样才能获得快乐。上帝对她说："来，我带你去看一个地方。"他们进入了一个门上写着"地狱"两个字的房间，看到许多人正围着一桌丰盛的食物坐着，他们骨瘦如柴，但眼睛里却充满贪婪和焦急。他们每个人手上都绑着一把勺子，只因为勺子太长，所以食物没法送到自己的嘴里。他们的互相争抢，更增加了吃饭的难度。

“来，现在我带你去看另一个地方。”上帝又带她进入了一个门上写着“天堂”的房间。这个房间也有一大群人围着一桌丰盛的食物坐着，他们的勺子跟刚才的那群人的一样长。所不同的是，这里的人满脸幸福的微笑，他们又吃又喝，有说有笑。原来他们是互相喂对方吃的。

这个故事揭示了一个深刻的道理：人活在世上要学会分享与给予，养成互爱互助的行为。那群地狱里的吝啬鬼宁愿饿死，也不愿去喂对方，而天堂里的人们却知道“予人玫瑰，手留余香”的道理。

有一个48岁的女人，丈夫病逝不久，儿子又因车祸而身亡，她整天沉浸在悲痛之中，久而久之得了忧郁症，甚至产生过自杀的念头。好心的邻居劝她去做些能使别人快乐的事。快50岁的她能做些什么呢？她过去喜欢养花，自从丈夫和儿子相继去世，花园都荒芜了。她听了邻居的劝告后，强忍悲痛，开始整修花园，施肥灌水，撒下种子，很快花园里就开出鲜艳的花朵。此后，她每隔几天就将亲手栽培的鲜花送给附近医院里的病人。她给医院里的病人送去了温馨，得到了一声声的感谢，那些美好的话语轻柔地浸润着她的心田，她的忧郁症也慢慢地治愈了。她还经常收到病愈者寄来的贺年卡、感谢信，这些卡片和信驱赶了她的孤独，使她重新获得了生活的快乐。

所以，不管一个人的生活多么平凡，所处环境多么困难，都应该掌握这个使自己解脱的精神处方——多想想，怎样才能让别人快乐！

让别人快乐，同时你也会得到快乐；否则，带给你的就是误解和愤怒。“如果你握紧一双拳头来见我，”威尔逊总统说，“我想，我可以保证，我的拳头会握得比你的更紧。但是如果你来找我说：‘我们坐下，好好商量，看看彼此意见相异的原因是什么。’我们就会发现，彼此的距离并不是想象中的那么大，彼此的分歧也并不多，看法一致的观点反而居多。你也会发觉，只要我们有彼此沟通的耐心、诚意和愿望，我们的沟通就不成问题。”

让别人快乐，并不是只有大富翁才能做的事，我们每一个人都可以做到。只要用心去找，努力去做，虽然没有一文钱可以给别人，但是你能比那些慷慨解囊的富翁做更多的善事。

有一个盲人在夜晚走路时，手里总是提着一个明亮的灯笼，别人看了很好奇，就问他：“你自己看不见，为什么还要提灯笼走路？”那个盲人说：“其实很简单，我提上灯笼并不是给自己照路，而是为别人提供光明，帮助别人。我手里提上灯笼，别人就容易看到我，不会撞到我身上，这样就可以保护自己的安全。”

助人就是助己。当一个女人微笑着奉献出自己的善良时，那么这个世界也会对她展露最舒心的微笑。

有品位的女人最快乐

品位这种东西，是在女人一举手一投足之中不知不觉地渗透到女人的全身的。它经得起诱惑，受得住挑衅。它不是物质的奴隶，不需要金钱来衡量，只需要女人用一颗诚心来诠释。

充满诱惑的物质世界，将女人身上囤积了太多的虚荣：金银珠宝、华衣贵服、涂脂抹粉……满大街时髦又抢眼的女人，她们年轻、漂亮、性感、气质非凡。这些称赞给容易满足的女人们以最大的鼓励，她们努力地使自己看起来更年轻、身材更突出、姿态更优雅，但是，就在这追求的过程中，遗失了“品位”，也丢失了“自我”。

“品位”是一个奇妙而美丽的字眼，被赞有品位的女人，即便貌不惊人，财富不能车载斗量，周身也会笼罩一层耀眼的光芒。

说到品位，女人们会铺天盖地说个不停，比如法国巴黎、香奈尔、SK-II、钻戒、威士忌……所有算得上值钱的享受和消费品，都被她们列入有品位的范畴。她们滔滔不绝地讲述对法国高档时装的情有独钟，讨论高级护肤品牌的成效，炫耀无名指上光芒四射的戒指，精心策划下一次前往欧洲的旅程。偶尔也谈及文学、艺术，比如喜欢看什么样的书，喜欢听什么类型的音乐，她们的学识、家世背景，以及她们身边的男人。如果这一切都让她们感到满意和骄傲的话，那么她们应该是属于有品位的女人了。

亦舒的《圆舞》中，非常富有的傅于琛曾经教导周承钰说：“真正有气质的女人，从不炫耀她所拥有的一切，她不告诉别人她读什么书，去过什么地方，有多少件衣裳，买过多少珠宝，因为她没有自卑感。”很有哲理的一句话，因为女人费劲打扮自己，就是为了增强自信，降低自卑。

品位与物质有关，但并非是纯粹的物质结晶。真正有品位的女人，漂亮是当然的，因为她们会打扮，穿的、用的不一定昂贵，但是适合自己；真正有品位的女人，健康、快乐，因为她们爱惜自己，身材不一定性感，容颜也会老去，但是身心依旧年轻；真正有品位的女人，学识不能少，因为她们用智慧武装头脑，不一定多么聪明，但是思维清晰、眼光独到。她们在生活中不断积累，无论是物质还是精神，当这种“物质加精神”的财富积累到一定程度后，所谓品牌、珠宝、时尚需求在她们眼中都不过如此。她们享受的是生活赐予她们的丰富的阅历，这些足以让她们感到快乐，她们实在没有必要靠纯物质的装点来彰显身份。

有个女人很希望成为真正有品位的女人。她身材高高瘦瘦，穿衣简洁、随意却总保持风格一致，很少涂脂抹粉，讲究自然状态，家里布置得轻松、舒适；她喜欢读书和写作，没事儿的时候还画画，喜欢音乐，不一定是高雅的歌剧，流行的、摇滚的都听，依心情而定；喜欢逛街，逛累了就在咖啡店里小坐片刻，有时还自己看场电影；工作认真，喜欢独立思考，工作之余还喜欢和朋友参加各种户外运动。这种生活，虽算不上富裕，但是很潇洒，也很惬意。她被很多人羡慕、夸奖，比如漂亮、可爱、开朗，身材好、气质好，等等。就是很少有人夸奖她有品位，她由不解变得不屑，认为有些人根本不懂得欣赏，她保持着自己的格调，依旧快乐。

其实，如果无法被别人称赞有品位，那么漂亮、可爱也好。如果漂亮也不够，那么会打扮也好；如果打扮也变得牵强，那么至少要懂得放松，懂得让自己快乐。

女人在成为物质的奴隶之前，就应当是自信的，生活与她们做伴，在拥有和失去之间平衡自己，充实自己。当她们露出自信的微笑时，她们都是最美丽的。当岁月的累积可以使她们懂得享受人生，创造属于自己的财富时；当她们真正能够把握自己的喜怒哀乐，调节自身的状态时，她们就是有品位的女人，同时也是快乐的女人。

坚强的女人更受尊重

不要以为楚楚可怜才有人疼，坚强的女人更让人敬慕。如果你被击倒了，只想一辈子这么赖着、等着、靠着，那么别人也只能选择让你自生自灭，是你断了自己重生的后路。

自古以来，女人总是被人爱怜的对象，因此造就了很多女人的软弱和依赖，在痛苦时候，蜷缩于男人的怀里逃避一切。所以，软弱有时成了女人的代名词。

有相当一部分女人遭逢生命的变故的时候，总会不停埋怨老天："为什么是我？""为什么我就这么倒霉？""我为什么这么命苦？"……即使哭哑了嗓子，事情也不会无缘无故地好转，所以最终仍要坚强地面对。碰到令人伤心的事情发生时，你第一个念头要告诉自己："它来了！这是必经的进程，只有自己能帮助自己，所以我要勇敢面对，现在就想办法处理！"不断用心灵的力量来为自己打气，然后要比平时更振作，才能让自己走过生命的黑暗期，迎向灿烂的光明。遇到困难时，越是坚强的女人，越有一股让人尊敬与心疼的魅力，惟有自己表现得更坚强，别人才能帮助你、欣赏你。

从前有一个智障女人，名叫巧伊，她在智障学校待到5岁，才被发现原来不是智障，而是失去听力。于是巧伊被转往特殊学校，直到十几岁时，才借着助听器过上了较为正常的生活。就在人生刚有起色时，一次意外车祸使巧伊在医院躺了两年。当时她问自己：为什么我的人生有这许多的不如意？随即又深信：任何事情的发生必有其目的，并且有助于我。因此巧伊咬紧牙渡过了难关。

不久，巧伊交了男友，本以为命运之神终于开始眷顾她了，可是不幸的事再次发生，巧伊因乳癌先后割掉两个乳房。然而，纵有千般不如意，巧伊还是相信：凡事发生必有其目的，并且有助于我。

母亲抱歉地对她说："巧伊，真的很对不起，把你生成这样。"巧伊笑着回答："妈，你把我生得太好了！因为这样，我今天才有这份热忱把自己的体验和经历与他人分享，化恐惧为力量，化压力为动力，让自己在每一个困难中，找出值得收藏的礼物。"

我们再来看看刘嘉玲的人生经历：

香港著名影星刘嘉玲在刚出道时曾经被人歧视，同行们都不看好她，因为她的广东话说得不好，被人说是"大陆妹"。在那时的香港娱乐圈里，

“大陆妹”的称号会让人失去很多。刘嘉玲的事业失败过，感情上也受到过打击，生活上经历了不幸。她曾听到的嘘声多过掌声，挑剔多过赞赏。导演不看好她，同期出道的女星拿了无数影后称号后，她才以《阿飞正传》在法国拿了个影后。如果没有导演王家卫，刘嘉玲也许还在默默无闻地演些“俗片”；和梁朝伟的爱情马拉松，更是别人指指点点的对象，分分合合很多次。在习惯了人们的说三道四后，她选择了低调，没想到十几年前的“裸照”竟然被公开。

曾经有人将刘嘉玲和阮玲玉相比，但此玲非彼玲，面对类似的事件，两人敲响的警铃也截然不同。面对舆论媒体的侵犯，电影明星阮玲玉留下一纸遗书——“人言可畏”，自杀了，一代影后香销玉陨，死后还给那些制造是非舆论的报纸杂志以自嘲：“我说的都是真的啊！”

可是刘嘉玲却没有，面对裸照事件，她勇敢地承认了照片上的女星正是自己。这样的勇气让圈里圈外的人都对她由衷地佩服和欣赏。刘嘉玲的坚强赢得了大家的掌声，面对困难，她不是躲避退缩，而是勇敢地面对。她的形象不但没有受损，反而得到了更多人的欣赏。她说：“当一个人的生命受到威胁的时候，每个人都会本能地面对并解决它，我并不是特别坚强，我只是幸运，我就好像是一朵向日葵，阴影永远在背后，我的脸向着阳光，我看每一件事都会用最简单的方法去解决复杂的问题，不过我的智慧仍然有限，仍需要吸收知识。”

新世纪的新女性虽然有了很多和男人平起平坐的机会，但面临的困难也相应比男人多，这时候就需要女人的坚韧，能知难而进，坚持到底。成功的人和失败的人最大的不同就在于能不能坚强并坚持。

韩剧《大长今》里，和今英相比，长今的外表看起来要柔弱得多，所以初次认识她的人都以为她很好欺负。可是时间长了，人们才发现长今的柔弱只是外表的假象。第一次被贬到茶栽轩的长今没有屈服于环境的变化，还用自己的努力实现了“不可能”的事。在此之后，几经起落的长今，无论每次遇到多么糟糕的事情，陷入多么困难的环境中，她都能再次站起来，而且一次比一次站得高。与其说男人喜欢外表柔弱的女性，不如说男人更欣赏内心坚强的女人，因为男人需要坚强女人的支持。在这个男女共处的社会里，只有内心坚强的女人才能不失优雅，才能赢得男人真正的尊重。

恰当着装，提升优雅形象

爱美是女人的天性，每个女人都会有自己钟爱的品牌和风格。秀出你自己的个性，突破传统，用自信的心态看待自己的形象，会让你更加动人。

穿错衣服对女孩子来说是头等尴尬的事，在办公室里穿与别人相比显得很另类的服饰，更是容易成为职员茶余饭后的谈资。想鹤立鸡群的人很多，要独树一帜的却很少。同样是不甘平庸，前者引来他人的艳羡甚至忌妒，但绝非坏事；后者反招来旁人的鄙夷，搞不好就是哗众取宠，而自己还蒙在鼓里。

日常生活里，外貌的重要性比我们想象中还来得重要，职场上尤其如此。虽然衣着仅及于表面，但却影响深远，因为人们习惯以外观度人，纵使能力是最重要的，但言谈、举止及装扮也不可忽视。

尤其是在竞争激烈、企业不景气的年代里，面对众多的求职者或员工，执事者根本还没来得及看出你的能力就得进行人事决策。这时候你所展现出来的整体感就成了决定性的因素，关乎你是否能被录取、被留任，甚至被提升。

简而言之，别人对你的印象，完全要由你的打扮是不是能显示出专业的形象而定，在考虑个人的穿着形象时有以下几点决定因素：

1. 找出企业形象

每家公司都有其企业形象，因此对员工的穿着也会有些成文或不成文的规定。如果你想要在公司里升迁，就一定要了解公司的要求。

观察高层主管的穿着，然后在装扮上和公司的要求一致。也许你认为中高层主管的打扮很土，但别忘了你的品位并不代表公司的风格。尤其注意，别随便批评高层主管的打扮，小心你刻意张扬自己时髦的结果是最后换来一张下岗通知书。

此外，要是无法确定公司的要求，最保险的方法就是穿着保守一点，尤其是初来乍到之时更该如此，以免触犯禁忌而不自知。

2. 配合企业风格

成功的职业妇女都是花了许多时间才明白该具备什么样的风格。

她们会选择典雅、不会流行的服饰，既不用担心年年得换新衣，也不用烦恼穿着是否得体。

选购衣服的原则也是专业形象第一，女性气质其次。职场上，你必须在专业及女性两种角色里取得平衡，宁愿让人看起来觉得你是个精明的人，也不要让人说你是花瓶。

3. 向主管学习

一般来说，最好能以女上司的穿着为榜样，先注意她穿些什么，再为自己购装。努力向顶头上司的风格学习，是博取信任的捷径，因为上司会以为你的价值观和生活态度与她的相同，对你的看法自然会比较正面和有好感，当然也愿意给你更多的表现机会。如此一来，别人也会因此而对你的态度大不相同，会更尊重你。换句话说，你想要获得什么样的职位，就该以那个职位该有的打扮出现，争取上级的印象分数。

不过，千万不要走火入魔，巴结得太过于明显招摇，惹得其他同事讨厌和非议，反而让上司认为你的人际关系不好，并且失去其他同事的支持，工作起来自是十分吃力，反而有碍发展。

因此，学习上司的风格并不是和上司穿情侣装，而是“模拟”上司的着装品位。如果上司喜欢穿亚麻布料的西服外套和长裤，你也可以穿着同样面料和款式的套装，只是花色不同或将长裤改成短裙。

4. 换上优雅脱俗的服饰

购买上班时的衣服最好是以基本样式为主，颜色也大多为海蓝、灰褐、黑色、乳白、白色，偶尔可以有一两件红色。

套装给人的印象是井然有序，最好你也能这么穿。若你嫌色彩过于单调，不妨系条丝巾，或在套装内穿件亮眼质轻的上衣。当你脱下套装的外套时，丝质上衣显露出的高贵气质是别的衣服无法比拟的。冬天时，羊毛或丝质上衣和套装搭配起来也很好看。至于夏天，套装内配件时髦的 T 恤也是不错的选择。

海蓝或黑色的休闲外衣是用途最广的，加件 T 恤就可以上班，周末配上牛仔裤，也可显出轻松休闲的气息。

太过前卫的颜色，如鲜绿色、橙色等，尽量少用为妙，因为这会让人分心。当然过于性感的装扮也不宜上班穿着。

有些公司允许员工在周末穿着便装上班，男性可以不需打领带，女性也可穿着裤装。当然，随你怎么穿都无所谓，但别太过放肆。比如穿一双拖鞋或穿一件低胸服装上班就不太好。

综上所述，穿衣打扮切不可太过随意，这关系到自己的仕途命运。

第二章
淡然恬静：把优雅当成一种生活态度

时间可以洗去女人年轻的容颜，但却永远不能挥散女人经过岁月的积淀而焕发出来的优雅与自然美。这份美丽就是女人经过生活的洗礼后而成就的修养与智慧，就像秋天里弥漫的果香一样，是由内而外散发出来的。

爱美是女人的天性

女人对美丽的追求犹如蜜蜂对花蜜的向往，蜜蜂失去了花蜜就会死亡；女人对美丽的追求犹如花朵对雨露的依赖，花朵没有了雨露就会枯萎。

如果说女人的美丽是由内而外散发出来迷人的气质，学识、阅历、修养是美丽之本，那么容貌、服饰、装扮等则是美丽之形。女人不一定要天生丽质，但一定要懂得如何打扮、装饰自己，让每一天的心情都随着可人的外表飞扬起来。这不是虚荣的表现，也不为取悦男性，只是我们热爱生活与维护自尊的表现。国内著名的美容专家羽西说过：“世界上没有难看的女人，只有不懂得如何把自己打扮得体的女人。”女人永远不要放弃自己追求美丽的权利。

美丽的女人本身就是一道风景，行走人海亦是人们注目的焦点。没有任何一个女人希望听到别人说自己不美，但命运似乎总是不公平的，它把美丽的喜悦带给了少部分女人，也把不美丽的痛楚带给了众多的平凡的女人，于是有些女人天生丽质，笑逐颜开，有些则形容猥琐，心生怨艾。然而，女人对美丽的追求犹如蜜蜂对花蜜的向往，蜜蜂失去了花蜜就会死亡；女人对美丽的追求犹如花朵对雨露的依赖，花朵没有了雨露会枯萎。女人对美丽的追求从来就没有停止过自己的脚步。

我国有着上下五千年的悠久历史，在这样一个泱泱大国，也有着源远流长的美容传统。然而，由于旧时男权社会的压迫，历史上为我们所展露的都是笑不露齿、足不出户的闺阁美人。20多年前，“皮肤保养”这个概念对大多数的中国女性而言，远远不如想方设法给家里买个冰箱、彩电来的重要。如果除去家庭的必须开支外还有余裕，女人花钱在自己身上也会以“别人能看得见”为消费的最高指导原则，因此，买一

件稍微像样点儿的大衣要比一小瓶化妆品来得实惠。时值今日，科学技术高速发展，化妆品品牌琳琅满目，美容机构铺天盖地，今天的女性可比古时的女子可算是幸运多了，因此，即便是顺应时代的趋势，女人也不该放弃追求美丽的权利。

如果你的年龄在 25 岁左右，在你的记忆中一定有这样一张笑脸和一种声音，她曾经集万千宠爱于一身，她曾经是室内的墙壁上最常见的一张贴画，你肯定知道现在这么多的“玉女”，都起源于一个名字——周慧敏。玉女，肤如凝脂，面若桃花。玉女是初夏夜晚盛开的茉莉花；玉女是传统女性的一个童话版本；玉女有着人世间最引人注目的气质，她婉约、含蓄、内秀，似乎不食人间烟火，永远书写着“不老”的传说！

2006 年，“玉女掌门人”周慧敏复出后成为某杂志封面女郎，拍摄了一辑性感照片，包括真空露背、低胸裙，将她的骄人身材表露无遗，散发出一股女性的成熟美。睽违多年，周慧敏又复出了，她依旧甜美的模样让人惊叹，丝毫看不出她已是进入中年的人。周慧敏复出后的第一份工作就是获邀代言某知名美容保养品牌，广告推出后回响热烈，经调查，发现周慧敏的说服力最强，这也足见玉女宗师之魅力。

但是，周慧敏自己却说：“我觉得世界上根本没有不食人间烟火的人，我只是一个自爱的普通的现代女性。只有金庸小说里的小龙女才可以算得上不食人间烟火，但是我认为她是受保护型的、不懂世故的女性，跟我分别很大。”

在问到“女人泄露年龄是从眼睛上开始，你如何做到眼角一点皱纹都没有？”的时候，周慧敏回答说：“我对眼睛护理很小心，也经常做眼膜。有一次，我和一个老朋友相见时，哭了很久，回家以后赶紧贴上眼膜，第二天发现眼睛一点也不肿了。”周慧敏还表示，“护肤不分季节，任何时候都要做好护肤准备，皮肤才能雪白无瑕。”

纵观国内外，虽然说女人要美得自然，而绝非自然就是美。法国女人以优雅为美，她们是美丽国度最执着的追求者。当她们还是孩子的时候，就已经懂得关注自己的皮肤和身体。母亲们为自己年轻的女儿安排美容课程的现象变得非常普遍，她们花在美容和皮肤护理上的时间比任何国家的女人都要多。因此，法国素有“美女王国”的美称。

韩国是发达国家，整容在韩国的风行程度可谓人尽皆知，不但许多影视明星和歌手坦言自己做过整容手术，整容之风从演艺圈刮起，连普通的工薪阶层也不例外。我们可以看到，父母往往在一个小女孩刚刚出世的时候就为她准备好日后的“美容基金”。也许会有人对此表示不屑，但是人们对韩国女星容貌的精致是赞赏有加的，虽然经过了修饰，但那又如何呢？

有人说，美丽的容颜就像一幅挂在墙上的画，随着时间的推移，颜色逐渐脱落，美丽的素养，却像一坛陈年的老酒，越沉越香。岁月固然是女人的天敌，但爱美是女人的天性，美丽是所有女人的权利。女人，20 岁看容貌，30 岁看体型，40 岁看韵味，50 岁看健康，60 岁看财富。

在男人的眼里，美丽的女人不是自己身上的衣服，可穿可不穿，而是帮助灵魂跋涉的手杖，是强有力的支撑；在男人眼里，美丽的女人就像一个谜，在她的内心深处埋藏着无尽的宝藏，需要自己用一生的时间去挖掘，以便随时发现意外和惊喜。

另外，女人追求美丽还是一种独立意识的觉醒，当现代女性已经可以独立自主地供养自己而不是需要仰赖男人时，善待自己、珍爱自己，花上一定的时间和金钱留住美丽的身影绝对是顺理成章、天经地义的事。

理想是浪漫的，生活是平淡的

没有人会将一件晚礼服整天穿在身上招摇过市，即便它是多么的华丽，就像浪漫无关大小，它只能是平淡生活的一味调味剂，你不能把它当饭吃。一味地追求不切实际的浪漫，最后得到的只是空洞的美丽。

女人喜欢浪漫早已成为众所周知的真理。对于女人来说，鲜花、巧克力和甜言蜜语等等都是浪漫不可或缺的元素。回想自己情窦初开的少女时期，那是一个骄傲得连花儿都会自愧不如的年代，也是无忧无虑、充满缤纷幻想的年代，青春年华怎么可以平庸度过？那时候的我们拒绝着平淡如水的日子，总是希望得到王子超越凡尘的爱情。一直以来，爱情都是各类文学艺术作品中着力讴歌的主题，还记得那些经典而充满浪漫气息的电影——《飞越迷情》中张学友为张曼玉点燃的“I LOVE YOU”的烛光；《有情饮水饱》里梁朝伟为舒淇打开的直升机和游乐园；《两个人的烟火》里许志安为梁咏琪点燃的烟火……还有，电视剧中无数次出现的用玫瑰堆砌的求爱场面也是我们梦寐以求的浪漫形式。我们幻想着，早日遇见生命中的那个俊朗、体贴的“王子”，在某年某月的某一天，让这些浪漫得令人陶醉的画面在自己的身上上演，然后书写轰轰烈烈的浪漫爱情传奇。

后来，我们都慢慢长大，进入生命中最成熟的阶段。这个阶段，或多或少都经历过一些感情的挫折，虽然已不再相信虚幻的爱情童话，但追逐美好、渴望浪漫的心理并没有消逝得了无痕迹。因为，爱情是人类的一种情感，人类对于自己的情感一般都有特定的一些表现方式，而对于女人来说，最好的表现方式就是与浪漫有关的一些元素。

恋爱的时候，总觉得他什么都是好的，包括缺点，可是结婚以后就大不一样了。陈晨每每走在街上，只要一看到某对恋人手牵着手逛街购物，心里就埋怨起自己的老公黄杰来，为什么他不陪自己出来逛逛，说什么一逛街他就头疼。陈晨路过时代广场那方巨大的电子屏幕，总要下意识地朝上面看看，上面常常有热恋中的男士写给女友的蜜语甜言，在霓虹灯的闪烁下，惹得路人竞相观看。每每此时，陈晨就更恨自己嫁早了，错过了这个浪漫的年代……

这样一来，陈晨对黄杰的不满情绪就越来越严重了，骂他是个不开窍的木瓜脑袋，不懂情调，不懂浪漫；而黄杰则说她是个不安分守己的女人，整天还幻想着那些不切实际的小孩子把戏。陈晨总是一心想着把老公培养成一个浪漫的高手，而黄杰却想着把老婆拉回到现实的世界中，踏踏实实地过日子。

这天，陈晨故意看着日历对黄杰说："老公，今天是我们结婚5周年呢！"黄杰头也不抬地说："是吗？那我今天会有所表现的。"陈晨就满心喜悦地去上班了。可她一直在办公室等到下班，也没见黄杰来接自己或打个电话，说些动听的话什么的。

气鼓鼓地回到家，陈晨发现老公其实早就回家了，做了一桌子她最喜欢吃的菜。面对美味佳肴，她一点也高兴不起来，把所有对他的不满一股脑发泄出来，然后，跑进卧室倒头就睡，用被子把自己裹得紧紧的……争吵终于再度爆发了。

陈晨随之去了朋友那里，她要离婚，她对这个丝毫没有浪漫细胞的老公已经彻底失望了。朋友听了她的唠叨，拍着她的脑袋对她说："大小姐，你不会是患上'浪漫中毒症'了吧！面对这样能做菜的老公，你就知足吧！"

陈晨的朋友所说的“浪漫中毒症”是热恋和婚后的女性很容易患上的一种心理疾病。因为，在浪漫主义越来越被推崇的年代，女人幻想电影情节中那999朵玫瑰就是送给自己的，那百米长幅上的心迹是向自己表白的……却忽略了，这些所谓的浪漫带有太多的人为制造的痕迹，在这时候，反而不如一桌可口的美味佳肴来得更符合实际吧！况且，这一番难得的行为不也透露着绵绵的情意吗？怎能不知道感恩、致谢呢，谢谢他的真心真意吧！

反过来说，这个时期的女人已为人妻甚至为人母，岁月已将她慢慢打磨成烟火女人。她也许常常会被家庭的琐事折磨得疲惫不堪，被工作的压力折磨得喘不过气来，生活陷入一潭死水般的沉寂中，黯然失色，而这个时候一些小小的别有情趣的浪漫也许就能让她们重拾对生活的激情，对未来的信心，也会以百倍的热情投入到工作中去，于家庭，于社会都是非常有利的。

作为男人，一定要懂得女人的心，其实，女人所希冀的浪漫梦想不必太奢华，一句由衷的赞美，一个意外的惊喜都会在瞬间“迷乱”她的心。浪漫在此时也不是她们的终极目的，她们只是希望平淡的生活里时而有点浪漫的点缀。那么，在厨房轻轻地从背后搂住忙碌的她说上一句好久都没有再开口说过的情意绵绵的话；在她生日的时候或者结婚纪念日的时候送一朵已经很久没有送过的娇艳欲滴的玫瑰；在阳台上共享咖啡，眺望一下远方的风景；或者手拉着手一起在夕阳斜下的傍晚散散步……这些都是很浪漫的举动呢，也许比一枚钻戒、一幢豪宅更能打动女人的心！生活也会因此变得丰富多彩，所有的疲惫和烦躁将会一扫而空，你会成为她最依赖的人，爱情之花也会越开越艳。当然了，女人也要明白，没有人会将一件晚礼服整天穿在身上招摇过市，即便它是多么的华丽，就像浪漫无关大小，它只能是平淡生活的一味调味剂，你不能把它当饭吃。

总之，世界的一半属于男人，另一半属于女人。爱浪漫的女人才是可爱、温柔、楚楚动人的女人。因为女人的浪漫情怀，与她共度一生的男人才会感受到沿途最美丽的风景，春风、夏雨、秋果、冬阳，都因女人的浪漫更加充满韵味。

做成功男人背后的伟大女人

对于女人来说，结婚并不代表从此一劳永逸，女人必须时刻注意提高自己的内涵和修养，来与你的丈夫保持大致相当的水平，不要被你的丈夫落下太远，这样才能保证你们的爱情稳固、家庭和谐。

每一个女人都有责任训练自己，以提高她帮助丈夫完成事业所需要的社交能力。这样，作为贤内助的女人才能更好地与自己的丈夫开创一片事业。

不要以为你的丈夫现在做的只是毫不起眼、比较低层的工作，所以你就觉得无需你来帮他什么。这种想法是不合适的，要知道，凡事都有个过程，没有谁一开始就站上事业的顶峰，那些在工商界及其他领域的未来领导人物，在起步阶段也都是些毫无名气、没人知道的年轻人而已。你是否已经准备好如何应对十年、二十年或是三十年后你的丈夫已经成功的局面？或许到那时候他已经是个顶尖人物了也说不定。

当肯塔基州的海因斯夫妇在十四年前刚结婚的时候，海因斯夫人说："我很害怕和陌生人接触，我很害怕站在人群里参加公开的宴会，我不可救药地感到害羞。"

海因斯先生活跃在当地的政治社交圈，是个很有前途的律师。他时常需要和人们接触，参加各种会议、集会，以及社交活动和娱乐节目。而他的妻子雪莉·海因斯，却很害怕面对这些场面，她要怎么做才能克服自己对于人们的害怕、羞怯而达到丈夫地位的需要呢？

雪莉·海因斯下决心要克服自己的困难，她该怎么做呢？她心里也没底。直到有一天，她在杂志上看到了这些话："人类对于他们自己是最感兴趣的了。所以，在谈话中，你可以把注意力集中到别人身上，要多谈他自己、他的困扰、他的成功。把你的注意力集中在他人的身上，你就会忘记你自己的存在。”

这些话对雪莉·海因斯很有启发，她决定试试看，结果，她惊讶地发现，这个方法真的很有效。

海因斯太太说：“渐渐地，我由于对别人发生兴趣而不再感到害怕。我发觉每个人都有自己的困扰和烦恼。当我更加了解他们以后，我就开始喜欢他们了。现在，我很希望认识新朋友，并和他们愉快相处。我喜欢在自己的家里招待朋友，也很愿意和我的丈夫到别的地方去。如今他已经是参议员了。”

无论丈夫的职业是什么，每一位妻子都有责任训练自己，提高自己，妻子如果有能力和旁人亲切相处，并且对社交有足够的应付能力，她就可以使丈夫成功的机会大大地增加。

如果你觉得自己有像雪莉·海因斯那样的羞怯，马上着手消除这些羞怯吧；如果你有点笨拙或是不够机警，你就应该学会喜欢、尊敬和欣赏别人；如果你觉得自己所知太少，就不该再躲在那句老掉牙的借口里：“我从没有机会上大学”，你可以到夜校补习；如果你付不起学费，那就赶快到最近的一家图书馆去。

如果妻子因为赶不上丈夫前进的步伐，而被丈夫遗落在身后，那她并不是一个值得同情的人物。这种人通常不是太懒了，就是不肯用心利用好身边每个人的长处来改进自己。

美国电影协会会长，艾立克的夫人在文章中曾经写道：“婚姻幸福的真正关键，是跟上丈夫在事业中随时改变的步伐。”

艾立克夫人劝告那些想要赶上丈夫事业的太太们，要尽量参加社交活动以便扩展自己的交友范围，千万不要把交往的朋友局限在一个狭小圈子里。

她深有感悟地写道：“也许你会认为，你的丈夫并不需要你应付社交性工作的能力。就我们自身来说，刚开始的时候，艾立克也没有这种事业。我们刚订婚的时候，他正挨家挨户地推销真空吸尘器。那时候，我们俩个人谁也不知道艾立克将会有什么样的前途！我所知道的只是，总有一天，他将会出人头地。”

没有人确切知道未来将会是什么样子，但是聪明的人就会为机会的来临做好准备。学习如何认识新朋友，如何与朋友和睦相处，这是为你的丈夫成为重要人物所做的重要准备，不管他目前的职位或社会地位如何，这是一种确定可以帮助你丈夫的能力，如果他自己在待人接物方面显得笨手笨脚，那他机灵的妻子将可以弥补他粗心的过错；如果他在自己的朋友圈里已经相当机警圆滑了，有时他仍需要妻子的帮助，以免使人觉得他太过荒谬可笑。

一位成功的男人背后一定会站着一位伟大的女人，这句堪称至理名言的话语对于任何一个时代来说都是有现实意义的，成功的男人背后需要一个有不断进步的女人为他导航和鞭策，女人有时候也应追随着丈夫的脚步，不断地提高自己的素质，在事业的道路上共同前进。

温柔优雅和干练豁达并不冲突

职场上的成功女性，无论多么风光无限，无论工作上如何繁忙，都要把时间留出一些给家人。一个成熟的女人需要平衡生活中的各个层面，生活中的温柔优雅和工作中的干练豁达并不冲突。

对于成功的职业女性来说，她们在职场上有着干练、豁达、果断的个性，而她们的老公却希望自己的妻子是个小女人，把温柔、顺服、内敛展现在自己的面前。然后这些女人就开始抱怨说：“心情无比郁闷，我们又不是孙悟空，怎能做到72变？谁不想游刃有余穿梭于工作与生活之间，既当“大女人”又当“小女子”，谁不想事业和生活都如意呢？

可以说，温暖与平和正是现代企业管理和家庭幸福的重要元素。身处于这样的年代，女人不再需要在能力上证明男女平等，因为这一点是有目共睹的，而只需要证明：自己是个女人！

一位成功女士曾说："让我感觉到困惑的是，为什么有人一定要把成功的女人定义为女强人？"可以说，女人的温柔优雅和成功并不是对立的，而是相融的。这从着装风格上就可以看出来，上世纪 70 年代，女人要平等，中性打扮成为当时的流行元素。而经过了 20 年的女权运动后，女人意识到自己在拥有平等的同时遗失了女人的特质，所以，90 年代女人的着装风格要在职业和女性特质中间平衡，以上身小西服、下身短裙为主打。到 21 世纪，则涌现出波浪的发型配以印花的雪纺纱的主要流行元素，演绎着"我只是女人"的精彩。家庭中的女人，不需要运用你的权威地位，只需用你的柔软、温暖和情绪的稳定来管理经营家庭中的一切。

德国女总理安格拉·默克尔 35 岁就已步入政坛。2005 年 11 月 22 日，在与对手、时任总理施罗德较量数月后，默克尔终于如愿宣誓成为德国历史上首位女总理。

默克尔的婚姻生活还算顺利，默克尔结过两次婚。1977 年，她嫁给了大学期间认识的一位物理学家，两人于 1981 年分道扬镳。默克尔现在的丈夫是柏林大学化学教授萨乌尔。尽管萨乌尔和默克尔的行事风格大相径庭，但是外界公认这对夫妇相处得非常默契和融洽。这一切源于互敬互爱，在两人相聚时，默克尔从来不会摆总理的架子，心情展现出妻子应有的温柔一面；在默克尔滔滔不绝地讲话时，萨乌尔也会默不做声地认真倾听。

默克尔在接受采访时表示，她仍然喜欢忙里偷闲逛超市，喜欢自己去购物，做些家务。"尽管工作充满压力，但是我总是找机会和朋友家人进行沟通，谈谈每天发生的事情，交流交流感情。丈夫、父母和朋友们在我眼里都非常重要。"

女人对自己婚姻与家庭的经营非常重要，在职业角色之前，首先要知道自己是女人。健身、美容、运动都应该列入每周的计划内，也可以做精油护理，这样可以舒缓压力。无论在单位还是在家里，做个优雅漂亮的女人都是十分必要的。做孩子的好母亲、做丈夫的好朋友，如果他能够与你分享工作上的快乐和烦恼，无疑这是你的幸福，你的细腻和敏锐对他来说是最好的心灵补充。不妨给自己定下周末不工作的计划，把这个时段专门留给宝宝和自己的爱人。有与爱人一起打球的固定时间，这是“家庭时光”。此外，也要留出时间与孩子聊天，内容涉及学习、生活、八卦等等，目的是想让孩子明白你是爱他的，是明智和理性的爱。与孩子在一起的时间可能不太多，但却都是高质量的。

任何事物都无法达到一劳永逸，人类也是如此。作为女人，更应该懂得经营自己的生活，极大限度地挖掘自己的快乐。有谁不愿意看到一个漂亮而快乐的女人呢？永远都不要放弃对自己美丽与健康的追求，保持健身的习惯，因为它可以让你健康地宣泄压力，这是你呵护和疼爱自己的方式。同时也要时刻提醒自己，你是否幸福，根本就不取决于那个男人是否对你好，而在于你怎样选择和经营。

放下欲望，平淡的就是快乐的

人的欲望永远没有满足的时候，而欲望就是一切不快乐的根源。常言道：“知足者常乐”。所谓“知足”并不是要我们不思进取、安于现状。相反，我们都需要富足而且快乐，然而现实总是“鱼与熊掌不可兼得”，我们总是顾此失彼。

在各种欲望无孔不入的今天，越来越多的人似乎不愿意过一种简朴的生活。其实，简朴的生活是人生的至理，也是一份非常宝贵的生命感悟。我们只有透过简朴才会生活得有活力，才会感受到生命的那一份真正的快乐。

欲望是人的本能，关键的问题是如何面对。人有欲望并非坏事，很多的时候还会是一种动力，它能激励人们为改善自己的生存环境而去探索努力。但是，一定要想办法让欲望变成合理的、适可而止的，因为更多的时候，欲望的满足是要付出尊严道德及人格的代价的。祸大莫于贪多，富足莫于心满，古往今来成大事的人对于诱惑和贪婪总是有所警戒的。

一个富人和一个穷人在一起谈论什么是幸福。穷人说："幸福就是现在。"富人望着穷人的茅舍、破旧不堪的衣着，轻蔑地说："这怎么能叫幸福？我的幸福可是百间豪宅、千名奴仆啊。"有一天，一场大火把富人的百间豪宅烧得片瓦不留，奴仆们各奔东西。一夜之间，富人沦落为乞丐。烈日炎炎，汗流浃背的乞丐路过穷人的茅舍，想讨口水喝。穷人端来一大碗清凉的水，问他："你现在认为什么是幸福？"乞丐眼巴巴地望着那碗水说："幸福就是你手中的这碗水。"

现如今，许多生活在都市里的人都向往"世外桃源"式的简单生活。保持一种安贫乐道的可贵精神和情怀，在人生这一望无际的原野上，像秧苗一样一片嫩绿，生机盎然地迎着和风旭日，呼吸着朗润的空气。生活在这种环境里，愈发让人心足意惬。落日归山，杯酒酬邻，品尝着村酿的甘淳，分享劳作之余的愉悦。比起纷繁的社会生活，躬耕自资的田园生活更显淳朴、安逸。离开富贵奢华、明争暗斗的官场，与农人一起日出而作、日落而息，这才是修身养性的至高境界。

返朴归真的生活让我们在羡慕的同时更受启迪。我们生活在万丈红尘中，烦心事儿总免不了。很多时候，为事业、爱情、家庭操劳，老人孩子、柴米油盐、得失浮沉、邻长里短，似乎件件桩桩的琐事、俗事都让我们心力交瘁、忙碌不堪，于是觉得自己像只陀螺，在生活这根鞭子的抽打下一直旋转到形神俱疲。

世界上很多复杂的东西究其原意本来都是非常简单的：饮食就是能维持我们生命的东西，衣着就是能带给我们温暖的东西，居室就是能让我们遮蔽风雨的地方，旅行就是迈动双脚从这里走到那里，美术就是得意时在岩壁上刻刻画画，音乐就是高兴了在旷野里扯长嗓子吼叫……

而如今，这一切原本简单的事情都变得非常复杂起来，我们在享受着高度发展的文明带给我们许多物质上的享受的同时，也承受着它所带来的巨大的生存压力和烦躁不安的心绪，越来越多的人在对物质与名利的追求中丢失了自己，丢失了快乐。人们在频频抱怨的同时，已经不知如何去找回快乐。

经常听到有些人怨天怨地，怨自己没出生在一个好的家庭，怨自己运气不好，做什么事都不顺。其实这些人生活还是不错的，只不过看到别人比自己过得好就心里不平衡，自己没本事就怨天怨地怨父母。真正生活艰苦的人很少有怨言，而是默默地工作着、生活着，他们用他们的勤劳、他们的质朴，过着普普通通而又充实幸福的生活。他们不去和别人比较什么，他们觉得自己现在的生活已经很满足了。当一个人不去妄想而踏踏实实地生活工作着的时候，他们就很快乐了，这就是知足者常乐。

有一个老人在自家的门口立了一块牌子，上面写着：“本人愿将一间房子送给一无所缺、全然满足的人。”过了几日，一位富翁骑马经过，看到牌子，便下马走了进去，对老人说：“老人家，我最合适要这间房子了，我是个富有的人，任何想要的东西都拥有了，所以我现在一无所缺，全然满足了。怎么样，把房子给我吧！”老人看了看他，然后不紧不慢地说：“如果真如你所说的话，你一无所缺了，还要这间房子做什么呢？”

每个人都有自己的欲望，只不过大小不同而已。在人的内心里充满着无限的欲望，永远没有满足的时候，就连古代的皇帝，也是逃脱不了被自己内心欲望包围的痛苦。想想作为至高无上的皇帝，整个天

下掌握在自己手中，要什么有什么，应该不会再有什么不满足的吧？但他还是有的，有的皇帝费尽心思要去追求什么长生不老，要千方百计寻求长生不老之术，要让自己的生命之树常青，不懈地寻找各种灵丹妙药，古代有名的炼丹术便是由此而产生的。作为皇帝都欲无止境，更何况普通人呢？

也正因为拥有那份简朴，才真正展现出一种单纯的心智，而透过这种单纯的心智，一个人的智能更容易发挥，志气更容易坚定，心情、情绪更从容而稳定，才能更好地从最为简约的生活中领略生命的原汁原味。这也就是所谓的“自得其乐”了。现实就是这样，出生有贵贱，能力有大小，但生活得快乐不快乐、知不知足就要看每个人自己了。

每个人应该有自己的理想，但不是妄想，要自己去努力去付出。妄想是无止境的，生活在妄想里的人对生活是永远不满足的，所以他们是活得很累的。他们要攀比，他们虚荣心强，见不的别人比他们好，他们永不知足，所以注定他们永远不会快乐。生命本来已经很短暂，我们何苦还要自寻烦恼？所以，我们每个人都要学会认真、正确地对待来自各个方面的欲望，好的方面督促自己奋发进取，以正当的手段来满足自己的欲望，不好的方面要及时加以克制和改正，使自己成为一个品德高尚、清正廉洁的真君子。

在婚姻中扮演好自己的角色

佛经云："要知前世因，今生受者是；要知后世因，今生做者是。"每个女人来到这个世界上，都要在人生的这方大舞台上走一遭，扮演一个属于自己的角色，无论是人生如戏，还是戏如人生，任何一个女人都不可能活在一个没有他人只有自己的真空世界里。

生活中的智慧女人，有美丽的、貌丑的、贤惠的、懒散的、种种不一，但她们的情感世界却是极其美满的。这些女人具有一个共同的特征，就是拥有着极高的悟性。这种悟性不单单体现在对婚姻的性质能有一个清醒的认识，尤为重要的是她们能够不断地进行自我反思，对自己所扮演的角色适时地进行转换。

有些女人在事业上虽然取得了成功，但在婚姻生活方面一败涂地。社会上的女强人、高学历往往成了美好婚姻的障碍。事业当然紧要，但别忘了女人还有另外一个重要的角色——某某人的妻子，别说你在外面独当一面，是公司里不可或缺的骨干，即使你的地位至高无上，也不能忘乎所以。

清楚自己的家庭角色，维护丈夫的尊严和守住丈夫的心，是每个女人的责任。事业有成、社会地位显著提高的女性，尤其要珍视女性独有的天性，善于帮助丈夫减少或消除不必要的心理困扰。从内心深处意识到自己今天的成功，离不开丈夫直接或间接的支持和帮助，决不能在丈夫面前居功自傲；即便是丈夫由于内心的烦恼而有一些不理智的言行，也应该设身处地、推心置腹地安慰、劝导和解释，要尽量采取各种方式使丈夫相信，虽然自己事业有成，但在家庭生活和夫妻关系中的角色和地位依然和从前一样，所不同的是自己对丈夫更加热爱和感谢！

经常向丈夫坦白内心的苦衷和烦恼，诉说自己在外所遇到的种种压力、艰辛和窘境，请丈夫为自己出谋划策、排忧解难。这样做可以缩短夫妻双方的差距，拉近心理距离，从而不断增强丈夫的自我价值感，减轻其心理压力。

女人说到底就是女人，形单影只的成功不会给我们带来真正的快乐。家庭幸福，老公宠爱，我们才能找到生命的归属感。要获得这一切并不难，关键是要让老公知道你对他的依恋。

婚姻并不是两个人单纯的凑合，而是基于感情而言，有很多女人以为结婚后，把自己嫁出去了，就一切万事大吉的样子，其实不然，可以说经营婚姻是一门学问，如果对经营婚姻持一种懒惰的态度，那么，婚姻当然会变得索然无味，不尽如人意。

诗人舒婷曾写下这样一段文字：大街上，一个安祥的老妇人和一个从容的老人微笑着，从不同的方向面对面地走近，走近；然后是微笑着，鼻尖顶着鼻尖地站着，双手紧紧地握在一起，身后西下的阳光把他们的头发和笑容染成一片暖暖的黄，身旁的人们被他们的幸福染成一片温暖。这应该是一种执子之手，与子偕老的境界。爱情不只是一味地轰轰烈烈、惊天动地，也有像流水一样绵延不断、静静流淌的感觉。而爱情中的那些海誓山盟、花前月下，也化成婚姻中的相对无言、眼波如流的默契。

婚姻中的女人，身上扮演着多重的角色，妻子，儿媳，母亲。女人不要寄希望于老公，他并不是专门为你准备的白马王子，尽管低情商的他懂得为什么你和自己的妈妈相处得不好。记得当初你们相爱的时候，总是如胶似漆，他不断地对你说一些甜蜜的话语，而结婚后，总有一些现实的问题产生，你们要去做一些实际的事情，还要有一些枯燥的话语要说。时间长了，哪还能有甜言蜜语，有的只是日常对话，既简单又直接的话语。道理很简单，他认为，你与他结婚就是他的人了，是自己的爱人，彼此的客气也就没有必要了。正是这种观念的影响，男人对女人的感情表达得含蓄了，女人就会淡然，男人就会淡漠，于是，对彼此的冷漠就出现了。

婚姻是爱情的必然结果，也应该是爱情的升华，但绝对不是爱情的坟墓。所以，女人在婚姻上应该像在战场上一样聪明、睿智，千万不要亲手将自己的婚姻送入了无声息的沉默之中。好好爱你身边的人，随时与他进行思想的交流与沟通，珍惜现在你所拥有的一切是最聪明最幸福的女人应有做法！

宠辱不惊，心境淡然

面对成功或荣誉，不要狂喜，也不要盛气凌人，把功名利禄看轻些，看淡些；面对挫折或失败，不要忧伤，也不要自暴自弃，把厄运羞辱看远些，看开些。唯有如此，才会获得心灵的详和。

《幽窗小记》中有这样一副对联："宠辱不惊，看庭前花开花落；去留无意，望天空云卷云舒。"这副对联的意思是说，为人做事能视宠辱如花开花落般平常，才能不惊；视职位去留如云卷云舒般变幻，才能无意，才能不在乎，才能不与人争，不与人斗，同时也能避免无端地滋生烦恼。一副对联，寥寥数语，却深刻道出了人生对事对物、对名对利应有的态度，即：得之不喜、失之不忧、宠辱不惊、去留无意。也只有这样才可能心境平和、淡泊自然，拥有一颗平常心。但是，拥有一颗平常心，说起来容易，做起来却十分困难。

当今社会，无论是物品的价值或是对于人的评价，大都以金钱来衡量，越贵的东西就被认为越有价值，越有钱的人就越伟大，可以说是"拜金主义"泛滥。如此一来，多年形成的道德和价值观随之发生了变化，大多数人处在迷茫、徘徊的状态中，导致自我心态把握上的失准，继而陷入名利诱惑的苦海中不能自拔。"名"和"利"成了很多人一生追求的最高目标，甚至有的人为了名利而不惜铤而走险，最终受困于名和利。

人不能脱离现实而存在，纯粹地杜绝欲望也是不合理的。关键在于，是否能够时时自省，不丧失自我的真性，追求真而自然的品格。在个人荣辱的问题上，我们应该做到保持一颗平常心。当你凭着自己的努力、实干，靠自己的聪明才智获得了应得的荣誉、奖赏时，应该保持清醒的头脑，有自知之明，切莫飘飘然，忘乎所以。

法国物理学家居里夫人一生淡泊名利，甚至躲着他人的赞美。她和她的丈夫都认为，科学不是为了个人荣誉和私利，而是要为人类谋幸福。一天，她的朋友到她家做客，看见她的女儿正在玩一枚英国皇家学会颁发给她的奖章，便惊奇地问道："夫人，现在能够得到一枚英国皇家学会的奖章是极大的荣誉，你怎么给孩子玩呢？"居里夫人笑了笑回答说："我想让孩子从小就知道，荣誉像玩具一样，只能玩玩而已，决不能永远守着它，否则将一事无成。"

当居里夫妇发现镭后，为了使之尽快服务于人民，他们不顾生活的艰难，立即公开了提取镭的方法，拒绝申请专利权。第一次世界大战期间，她把X射线设备装在汽车上，奔走在战场各处巡回医疗，挽救了大批受伤士兵的生命。她长期在条件很差的环境里忘我工作，致使有害物质严重侵害了身体，得了恶性贫血病。但是，即使在生命垂危时刻，她也没有对一生的磨难与不幸有丝毫抱怨。1934年67岁的居里夫人带着一双被镭严重灼伤的手离开了人世。爱因斯坦称赞她说："在所有的著名人物中，居里夫人是唯一不为荣誉所腐蚀的人。"

一切功名利禄都不过是过眼烟云，得而失之，失而复得这种情况都是经常发生的，意识到一切都可能因为时空转换而发生变化，就能够把功名利禄看淡看轻，真正做到"保持一颗平常心"。

人生在世，谁都会遇到无数的困难、压力，如何保持一颗平常心，如何使自己达到心理平衡，使自己的心态更加平稳，这是需要磨练的。有些事，属于你的一定是你的，但有时要慢半拍；不属于你的，也不要强求，或者即使通过强求得到了，也难以长久。

平常心就是指心理平衡。值得一提的是，心理平衡并非心如枯井，更不是麻木不仁。心理平衡是一种理性的平衡，我们提倡追求上进的精神，但是凡事都需有“度”。人活在世上，欲望是永无止境的，我们不可能实现所有的愿望，这时我们就得学会适当放弃，进而摆脱失望带来的心理不平衡，避免它给我们带来的伤害。因为，心理平衡了，生理才会平衡；生理平衡了，人体的各个系统才会处于最佳的协调状态；系统处于最佳状态了，健康与活力自然焕发。

真正领悟平常心的意义，并以此为人生准则，从中获取无限的欢乐与满足，就会是一个永远幸福的人。老子曰：“孰能浊以静之徐清，孰能安以动之徐生。”意思大概是说，谁能够在浑浊的环境中生存，并且使混浊慢慢地澄清下来？谁又能够在安定的环境中使新的东西慢慢地催生出来？这对于我们今天的我们来说，也很有借鉴意义。当我们遇到不如意之事，抑或当嫉妒情绪、焦虑情绪的出现时，我们应该让这种情绪慢慢地沉淀下来，想办法“减负”。注意不断调整自己的思维方式，以一颗平常心适应环境的变化，克服不良情绪的困扰，这样我们才能真正拥有心理上的安全感。简单地说，只要我们拥有从容淡定的自信心，做好每天要做的事情，享受生活，享受做好每一件事情所带来的快乐就可以了，这样我们就会有足够的力量承担不经意间侵袭心灵的挫折和痛苦。

洞悉平常心的真谛，我们也许可以悟出，平常心其实是一种至高至纯的人生境界，是中国人极有魅力的生存哲学，也只有具备一定修养的人才可经常持有，因为它是一种心性的修养，是一种道德的修养，它属于一种维系终身的“处世哲学”。

放下包袱，轻装前行

人生的道路上如果背负太沉重的包袱，一定走不远，而且会令女人身心俱疲。不要让身上的包袱拖累你的脚步，放下背负，让你人生的旅途更轻松些吧！

你一定有过年前大扫除的经验，当你一箱又一箱地打包时，你是不是很惊讶？自己在过去短短一年内竟然累积了那么多的东西？

人生做事又何尝不是如此？在做事的过程中，每个人不都是不断地在累积经验和知识吗？这其中也包括你的名誉、地位、财富、亲情、人际关系、健康、知识等等，当然也包括了烦恼、郁闷、挫折、沮丧、压力。在累积过程中，有的早该丢弃而未丢弃，有的则是早该储存而未储存。

许多人都喜欢房子清扫后焕然一新的感觉，当你拭掉门窗上的尘埃与地面上的污垢，把一切整理就绪之后，整个人好像突然得到了一种释放。其实，在人生诸多关口上，我们几乎随时随地都得“清扫”，读书、出国、就业、结婚、生子、换工作、退休……每一次的转折，都迫使我们不得不丢弃该丢弃的，尽管有些东西我们依然留恋不已，但不丢掉又会成为负担，会拖累你向前的脚步。

朱怡如今是某公司的董事长。多年来，她始终坚持一个习惯：每个周六早上，利用别人不上班的时间，把自己的办公室彻底清理干净，连一张纸都不留。平常下班回到家后，她会在梳妆台前花一点时间，反省一天中发生的事，顺便计划明天该做的事。

朱怡很喜欢这种“向过去说拜拜”的清扫方式，把从前的自己做一个了结，然后，迎接一个全新的开始。

朱怡自创业以来，每年的业绩都是维持高增长。通常，人一站在高峰上，总是很容易得意忘形。朱怡却不是，她总是告诉自己“一定要让自己随时放空，重要的不是回头看，而是往前看，接下来的路该怎么走”。她知道，有一天假使风光不再，过去所有的辉煌都会一笔勾销。

从前认为不能丢弃的东西，并不保证自己会珍爱一辈子，不论是过去的收藏、衣服、品位、嗜好、成就、地位、财富，最后都可能不再属于你。

朱怡经常被人问及：“你事业做得那么好，如果在事业与家庭之间做一个选择，你要选择哪一样？”她总是毫不考虑地回答：“除了家庭以外，我什么都可以放弃。”

对朱怡来讲，回家就是最适合进行心灵大扫除的场所。她很反对一些人下了班之后到处找乐子，找地方狂欢，好像非得把所有的精力耗尽才罢休。她很怀疑，这样的人没有足够的休息，疲累没有得到充分的缓解，将如何面对明天的工作和生活？

外人看朱怡，生活井然有序，而且总是神清气爽。她说，这得归功于自己每天勤于做“内在清扫”，所以，已经没有留下什么值得烦恼的事了！

可是，有时候某些因素也会阻碍我们进行扫除。譬如：太忙、太累，或者担心扫完之后必须面对一个未知的开始，而你又不确定那些是不是你想要的结果，万一现在丢掉的将来需要时又拣不回来，怎么办？

心灵清扫原本就是一种挣扎与奋斗的过程。不过，你可以告诉自己，这一次的清扫并不表示是最后一次清扫。并且，没有人规定你必须一次扫干净，你可以每次扫一点，但至少在目前，你必须立刻丢弃那些会拖累你的东西，只有这样，你的人生才会更有意义。

快乐要靠自己去选择

生活本身就是一个选择，快乐还是悲伤都由你自己做决定。只有快乐的女人才是最优雅的、美丽的，每天早上起床时告诉自己：我选择快乐，我快乐无比。

如果别人能将你的财产、你的丈夫等等你身外的一切都拿走，也不足以证明你是个弱者。如果谁也拿不走你的快乐、你的自信、你内心的宁静，那么，你已经强大到不可征服。

面对当今越来越复杂、越来越纷乱的社会，在背负巨大心理压力的同时，我们经常还会碰到各种各样的困难和挫折，如失业下岗、家庭变故、婚姻失败、学业不顺、经济困难等诸多问题。当这一切突如其来，无法解决时，一切取决于我们的内心是否强大。

张丽有一个女同学，因为家里贫困，很早就退学嫁人了。她猜想这位同学一定是个愁肠百结的女人了，于是就和几个好朋友一起相邀去看她，想给她以安慰和帮助。谁知一看，她竟是一副很满足的样子，有一个爱她的丈夫，有一个可爱的小男孩，这就是一个女人的幸福了。日子一天天消逝，后来她的丈夫在一场大病中离她而去，再后来儿子因汽车出事进了监狱。张丽又猜想她这回一定很痛苦了。有一次路过她家，就特地进去看她。她容颜苍老了许多，额头过早地爬上了一条条皱纹，但她办起了一个托儿所。在谈话间，她一会儿抱抱这个，一会儿拍拍那个，满眼流露的是幸福和爱。

是的，每个人的一生都会遇到诸多的不顺心，秉性柔弱的女人在遇到困境时，看不到前途的光明，抱怨天地的不公，甚至破罐子破摔，在精神上倒下；而秉性坚忍的女人在遇到困境时，能够泰然处之，认定活着就是一种幸福，无论是顺境还是逆境，都一样从容安静，积极寻找生活的快乐，不浪费生命的一分一秒，于黑暗之中向往光明，在精神上永远不倒。

有很多女人常常抱怨自己不快乐，因为她在面对世事时选择的是悲观的情绪。而选择一种快乐的心境，你就不会痛苦。

珍妮是一家化妆品公司总经理，她的心情从来不会太糟，快乐是她生活的主旋律。当有人问她近况如何时，她总是回答："我快乐无比。"

要是哪位员工心情不好，她就会告诉对方要乐观对待生活，要去看事物的正面。

她说："每天早上，我一醒来就对自己说，珍妮，你今天有两种选择，你可以选择心情愉快，也可以选择心情不好，我选择心情愉快。每次有坏事情发生，我可以选择成为一个受害者，也可以选择从中学些东西，我选择后者。人生就是选择，选择如何去面对各种处境。归根结底，你自己选择如何面对人生。"

有一天，她在车库门前，被三个持枪的歹徒拦住了。虽然歹徒抢走了她身上一切值钱的东西，但他们还是没放过她，残忍地朝她开了枪。

幸运的是事情发现较早，珍妮被送进了急诊室。经过6个小时的紧急抢救和一个月的精心治疗，珍妮出院了，除了身上留了几块伤疤外，她的身体恢复得不错，没有别的后遗症。

3个月后，她的一位朋友见到了她。朋友问她近况如何，她说："我快乐无比。想不想看看我的伤疤？"朋友看了伤疤，然后问她当时是怎么想的。珍妮说："当我躺在地上时，我对自己说有两个选择：一是死，一是活。我选择了活。医护人员都很好，她们告诉我，我会好的。但在她们把我推进急诊室后，还清醒的我从她们的眼中读到了'她是个死人'。我知道我需要采取一些行动。"

"你采取了什么行动？"朋友问。

珍妮说："有个护士大声问我有没有对什么东西过敏。我马上答'有的'。这时，所有的医生、护士都停下来等我说下去。我深深吸了两口气，然后忍着剧痛大声说道：‘子弹！’在一片大笑声中，我又说道：‘请把我当活人来医，而不是死人。’”

珍妮就这样活下来了。

人生充满了选择，而生活的态度，就是最重要的选择。请舒展你紧皱的眉头吧，不要陷入生活中不如意的一面，而让自己心烦意乱，情绪消极低沉。不妨随时问问自己：“什么才是要紧事？”这样你就会发现你现有的某些选择与你既定的生活目标冲突，你完全可以把它们从你的工作表中划去。

在这个喧嚣烦冗的世界上，乐观地对待生活更能让女人的世界五彩缤纷。

其实，一个真正懂得生活的女人是不会把自己的生活看作是炼狱的，她们懂得享受生活所带来的痛苦和欢乐。她们知道虽然生活并不尽如人意，但是生活本身就是一段历程，只有懂得去享受痛苦时的刻骨铭心、欢乐时的自由轻松，那才是生活的本来色彩。

把微笑写在脸上，幸福与阳光同在

法国作家雨果说：“笑，就是阳光，它能消除人们脸上的冬色。”女人的微笑是世界上最美的表情，微笑是女人内心深处盛开的一朵花。把这朵花送给别人，既悦人又悦己，世界将更和谐美丽。

女性最能打动人的就是微笑。如果你出门时忘记了化妆，那么最好的补救方法便是亮出你的微笑。因为，微笑的女人通常运气都不会太差。

有这样一个故事：

一家信誉特好的连锁花店，高薪聘请一位售花小姐，招聘广告张贴出去后，前来应聘的人有四五十个。经过仔细的筛选后，老板选出了三位女孩让她们每人经营花店一星期，以便最终挑选一人。这三个女孩长得都很漂亮，很适合卖花，她们一个有丰富售花工作经验，一个是花艺学校的应届毕业生，最后一位只是一位待业女青年。

有过售花经历的女孩一听老板要以实战来考验她们，心中窃喜，毕竟这工作对于她来说是驾轻就熟。每当有顾客进来，她就不停地介绍各类花的花语以及给什么样的人送什么样的花，几乎每一位顾客进花店，她都能说得让人买去一束花或一篮花，一个星期下来，她的成绩非常不错。

轮到花艺女生经营花店时，她充分发挥自己所学的专业知识，从插花的艺术到插花的成本，都精心琢磨。她的专业知识和她的聪明为她一星期的鲜花经营也带来了相当好的业绩。

待业女青年经营起花店，则有点放不开手脚，甚至刚开始还有点手足无措。然而她置身于花丛中的笑脸简直就是一朵花，从内心到外表都表现出一种对生活、对工作的热忱。一些残花她总舍不得扔掉，而是修剪修剪，免费送给路过的小学生，而且每一个买花的顾客，都能得到她一句微笑的甜甜的祝福——“鲜花送人，手有余香”。顾客听了之后，往往都会开心地回应她一笑，然后快乐地离开。尽管女孩努力干了一星期，但她的业绩和前两个女孩比还是有差距的。

出人意料的是，老板最终竟然选择了待业女青年。人们不解——为何老板放弃业绩好的女孩，而偏偏选中业绩差的？

老板自有他的道理，他说：“用鲜花挣再多的钱也只是有限的，用如花的心情、如花的微笑去挣钱才是无限的。花艺可以慢慢学，经验可以慢慢积累，但如花的心情不是学来的，因为这里面包含着一个人的气质、品德和自信……一个真正懂得笑的女人，总能轻松穿过人生的风雨，迎来绚烂的彩虹。”

会微笑的女人拥有良好的心境，拥有强大的自信，她们心地平和，对人友善，这样的人拥有迷人的气质。对人微笑可以有效缩短你与他之间的距离，给对方留下美好的心理感受，从而形成融洽的交往氛围。

女人的一生虽有风风雨雨、艰难困苦，但生活的本身是美好的，不好的只是你的心情。任何人都会有忧伤痛苦的时候，只是有人不愿将消极悲观的一面表现出来罢了。以冷漠待人，就如同给自己的生活树起了栅栏，让自己孤立无援。而以热情待人，自己的生活将充满阳光，即使你的情绪再不好，也要努力克制，以免让自己的悲观情绪浸染了别人。生活并不相信弱者的眼泪，它只对乐观进取的人微笑，而在每个人的笑容背后，蕴含的正是一种积极乐观的精神。

一位学者说："对人微笑是高超的社交技巧之一，也是获得幸福的保障。只要活着、忙着、工作着，就不能不微笑……"为了让自己真正的快乐起来，为了让别人感受到你的快乐，最为简单的一个办法就是展示你的迷人微笑。世界上没有一个富有和强悍的人不需要微笑，也没有一个贫穷得无法通过微笑变得富有。微笑可以给一个家庭带来愉悦，可以为友谊传递友善的信息，可以为疲乏者带去一丝安慰，可以为悲观者带去阳光……一个懂得微笑的人，不但很容易理解他人，更容易被他人所理解。

微笑，一个简单得不能再简单的表情，却是女人最美丽的一种语言。把微笑送给别人，会体验到一种真正的愉悦，心情好了，幸运也会更多地光顾你。

保持微笑吧，自卑者需要微笑，自负者需要微笑，失意者需要微笑，浅薄者需要微笑，胜利者更需要用微笑来完成对生活的承诺。保持微笑，你的生活会变得更加丰富多彩而又富有意义。不论遇到什么事情，都请你保持微笑，安静地享受这份愉快吧！这就是人生。

第三章
修炼心态：优雅女人应拥有一颗高贵的心

一位哲人曾说过："当生活像一首歌那样轻快、流畅时，笑颜常开乃是易事；然而当一切事情都非常糟糕的时候仍能保持微笑的人，才是活得最优雅、最有价值的人。"作为一个女人，应该培养一颗优雅高贵的心来应对人生中的酸甜苦辣，百味杂陈。

摆正心态，做一个睿智的女人

一位伟人说："要么你去驾驭生命，要么是生命驾驭你。你的心态决定谁是坐骑，谁是骑师。"这不正是告诉我们：影响我们人生的绝不仅仅是环境，心态控制了个人的行动和思想。

心态是一个人内心想法和意识的体现。好心态是积极的、乐观的、自信的、包容的、豁达的，就像潺潺流水，清澈喜人，充满了生机和自在；不良的心态是消极的、卑观的、懦弱的、狭隘的、偏激的，如被风尘覆盖的死水般难起涟漪！积极的心态使你充满力量，去获得财富、成功、幸福和健康，攀登到人生的顶峰；而消极的心态却把一切让你的生活有意义的东西剥夺得一干二净，在人生的整个航程中处于"晕船"的状态，对将来总感到失望。

决定一个人命运的不是他所处的环境，而是决定于他是否有一个良好的心态，是否懂得在任何情况下，都不忘洗涤自己的心灵，以便让自己活得更轻松、更自在、更洒脱。正所谓保持什么样的心态就会有什么样的行为方式，而行为方式决定着一个人的人生走向。

佛家说："物随心转，境由心造，烦恼皆由心生。"著名成功学家拿破仑·希尔说："如果你有一颗热情的心，那么毫无疑问，现实将会给你带来奇迹。把你的心态放在你所想要的东西上，使你的心远离你所不想要的东西。对于有积极心态的人来说，每一种逆境都含有等量或者更大利益的种子，有时，那些似乎是逆境的东西，其实往往隐藏着良机。"可见，心态对于我们来讲是多么重要！

做一个形象的比喻，一个人的好心态和坏心态，就如同翻一页书，正面是天使反面是魔鬼。有的人翻一个天使一个魔鬼，有的人翻两个天使一个魔鬼，高手翻的可能全是天使，也有人翻的全是魔鬼。如果翻到的全是魔鬼，那就无法生活下去了。高手翻到的全是天使，不是因为魔鬼不存在，而是他能把魔鬼变成天使。魔鬼也是朋友，不要用一种绝对的眼光来看，没有魔鬼就无所谓天使。

就好比挫折与失败，对于有坏心态的人来说，它是严寒酷暑，它是凛冽的北风，让他们望而生畏、一蹶不振。但对于有好心态的人来说，没有什么事不可能办到，挫折正好磨练毅志。常言道，否极泰来、绝处逢生。对于具有好心态的人们来说，这正是他们在挫折与失败时裂变的绝佳表达。

在20世纪60年代初期，美国化妆品行业的“皇后”玛丽·凯把她一辈子积蓄下来的5000美元作为全部资本，创办了玛丽·凯化妆品公司。

为了支持母亲的实现“狂热”的理想，两个儿子也“跳往助之”，辞去了较好的工作，加入到母亲创办的公司中来，宁愿只拿250美元的月薪。玛丽·凯知道，这是背水一战，是在进行一次人生中的大冒险，弄不好，不仅自己一辈子辛辛苦苦的积蓄将血本无归，而且还可能葬送两个儿子的美好前程。

在创建公司后的第一次展销会上，她隆重推出了一系列功效奇特的护肤品，按照原来的计划，这次活动会引起轰动，一举成功。可是，“人算不如天算”，整个展销会下来，她的公司只卖出去15美元的护肤品。

在残酷的事实面前玛丽·凯不禁失声痛哭，而在哭过之后，她坦然反复地问自己：“玛丽·凯，你究竟错在哪里？”

经过认真的分析，她及时调整了自己的不良心态，坦然地接受了这一切。最后终于悟出了一点：在展销会上，她的公司从来没有主动请别人来订货，也没有向外发订单，而是希望女人们自己上门来买东西……难怪在展销会上落到如此的后果。

于是她从第一次失败中站了起来。在抓生活管理的同时，加强了销售队伍的建设……

后来，玛丽·凯化妆品公司发展到现在的5000人，并成为一个国际性的公司，拥有一支20万人的推销队伍，年销售额超过3亿美元。

一位哲人说："你的心态就是你真正的主人。"一位伟人说："要么你去驾驭生命，要么是生命驾驭你。你的心态决定谁是坐骑，谁是骑师。"这不正是告诉我们：影响我们人生的绝不仅仅是环境，心态控制了个人的行动和思想。同时，心态也决定了自己的视野、事业和成就。一个人能否成功，就看他的态度了。成功人士与失败之间的差别是：成功人士始终用最积极的思考、最乐观的精神和最辉煌的经验支配和控制自己的人生。失败者则刚好相反，他们的人生是受过去的种种失败与疑虑所引导支配的。

作为女人，作为一个生活在这样一个时代的女人，在你的身边也有许多你认为过得幸福的女友吧，你是否特别欣赏她们的成功，羡慕她们的洒脱，其实，别人有，不如自己有：做一个幸福的小女人，并不是件"难于上青天"的事情。幸福快乐也只是人的感觉而已。当你在珍爱自己的时候，带一缕阳光甘露分与家人朋友以及那些需要的人，你会感觉到幸福，人生便幸福，其实，幸福就这么简单，是一种感觉，是一种情怀，藏于爱情、婚姻、家庭和事业的每个角落，藏于女人的心中。生活的真谛在于享受，女人不仅是母亲、妻子、上司或下属，首先是一个幸福的女人。当你在回首往昔之时，只要心中的那片天空依然蓝，心中的那份情感依然是那么真，于是女人要放飞自己，在鲜花、美食、假日和音乐中徜徉，热爱生活，愉悦每一天的心情。

适度忍耐也是一种美德

忍耐是一种修养，也是一种做人的艺术，需要历久修炼才可以炉火纯青、运用自如。“忍一时风平浪静，退一步海阔天空”，适度的忍耐可以换来别人的尊敬和矛盾的缓和，不失为一种上上之策。

“忍”并不是怯弱的借口，而是真正强者的胸襟。只有“忍”才能积蓄力量，以静制动，后发制人；只有“忍”才能有机会退思己身，完善自我，养成高风亮节，以德服人；只有“忍”才能顾全大局，使得事业顺利；也只有“忍”才能与人为善，化解僵局。

王树彤文静而漂亮，个子不高，甚至有些娇弱，乍看起来，你很难把这个柔柔弱弱的年轻女子与卓越网惊人的业绩联系起来。然而正是这位女性把卓越网从无到有，从小到大，办成了中国第一的电子商务网络。

可以说，卓越网的每一步成长都与王树彤骨子里特有的女性的“忍”与“韧”密不可分。不管在互联网的狂热当中还是在今天互联网光环褪去的冷静时刻，王树彤的行动都是理性而执著的，尤其是在8848等一批曾风云一时的商务网站倒下的一段时间，卓越网几乎是在人们的骂声与怀疑中艰难地向前行进着的，用王树彤的话说：“我凭直觉对互联网有清晰的感觉，本来的大方向是一定的，接下来是怎么踏踏实实去做。”也正是王树彤的这个想法，才使得她在艰难中没有退却，直至取得今天不菲的成绩。据有关资料统计，目前卓越网一天最多能卖出5000多套产品。而且，一套共11本书的《加菲猫》三个月的网上销量等于西单图书大厦相同产品5年的总销量；一套由11张VCD组成的《东京爱情故事》一个月的销量是北京音像批发中心两个月的总进货量。在一份统计报告中，卓越网网站流量在全国所有电子商务网站中名列首位。难怪最后连王树彤本人都说："其实我们都低估了互联网的力量。我们没有想到会如此之快地取得今天的成绩。"

写到这里，我蓦然想起了电影《川岛芳子》中男主演第一次见到川岛芳子时所说的一句话："守得云开得月明。"其实，生活就是这个样子，如果你能用一颗隐忍之心守得云开，那么月明的时间还会太久吗？

《菜根谭》中有这样一句话："处世让一步为高，退步是进步的账本；待人宽一分是福，利人是利己的根基。"话虽这么说，可要忍让却实在是不易的事啊！君不见一个"忍"，竟是"心"字头上一把刀，把刀搁在心头上，你能不痛？你能不动气？俗话说"人争一口气，佛争一炉香"，"人有脸，树有皮"，即是说，人们出于自尊的需要，由于利益的驱动，见到不公平的事，尤其是遇到欺负到自己头上的事，要咽下这口气，并以笑脸相迎，实在难得很，究竟难在哪里呢？

一是要忍让就必须能吃亏并甘于吃亏，"吃亏是福"这句成语是人人皆知的，但却是常人难以理解，难于认同，也难于做到的。在人的天性之中，大多有自私的成分在其中，而正是这种自私的心理，决定了一般人都不肯吃亏，更难承认"吃亏是福"的道理。你可以让一个人做到大智若愚，深藏不露，以至宽容为怀，但若让他事事让着别人几分，吃"哑巴亏"，他很可能断然不会同意。只要稍微留意一下世间芸芸众生，有多少人为了自身的利益，为了不吃亏，少吃亏，或者为了多占别人一点便宜而演出了一幕幕你争我夺的人间悲剧。俗话说："人为财死，鸟为食亡。"这句话真是入木三分地道出了一部分人不愿吃亏的心理。

二是要忍让就必须抱定不争于市、不争于世的态度，大事化小，小事化了。它必须有木石一般坚定的意念，必须具有如行云流水般淡泊的胸怀，不会因无关痛痒的小事而斤斤计较，而是处处为别人着想，体谅别人，见利让利，见名让名，与世无争，这可是一个磨炼心性、提高道德修养的艰苦过程，困难确实是不小的。

但生活中，并不是每个女性都一定能摆脱不快的情绪。有的女性是

"情绪中立派"，这种人认为任何情绪都是自然的，不管多么不快都应体验，因此从不尝试改变情绪。甚至还有女性为了某些理由经常投入不快的情绪。有些人控制情绪的出发点是功利的，例如催收账款的女性可能故意鼓起凶悍之气，以免催债时态度不够强硬，不过这些毕竟是少数特例。绝大多数的女人都苦于无法自如地控制情绪，因此为了避免情绪之苦，更要学习掌握"忍"之术了。

别让嫉妒心理害了你

女人与其在嫉妒中过日子，不如在崇拜中培养自己，培养自己良好的心态，接受别人的优点，做自己想做的事情，用一颗宽大的心使自己成为一个平凡而有内涵的人。

嫉妒的心理很可怕，男女之间也有嫉妒，如果夫妇俩到某个场合，有很多人赞美太太，而忽略丈夫，丈夫心里会很不舒服。反过来看，在某个场合赞美先生的多，太太虽然高兴，但心里不是味道，这"不是味道"的心理就是嫉妒。女人的嫉妒常甚于男人，甚至演变成怒火和敌意。

传说有这样一个女人，她幸运地遇见了上帝。上帝告诉她：现在我可以满足你的任何一个愿望，但前提就是你的邻居会得到双份的报酬。那个人高兴不已，但她细心一想：如果我得到一份田产，我邻居就会得到双份田产了；如果我要一箱金子，那邻居就会得到两箱金子了……想来想去总不知道提出什么要求才好，她实在不甘心被邻居白占便宜。最后，那个女人一咬牙："唉，你挖我一只眼珠吧"。

还有一个女人，十分嫉妒自己富裕的邻居，邻居越是高兴，她越是

不高兴；邻居的生活过得越好，她越是不痛快；每天都盼望邻居倒霉，或盼望邻居家着火，或盼望邻居得什么不治之症，或盼望下雨天雷能窜进邻居家劈死个人，或盼望邻居的儿子夭折……然而每当她看到邻居时，邻居总是活得好好的，并且微笑着和他打招呼，这时她的心理就更崩溃了，恨不得给邻居的院里扔包炸药，把邻居炸死，但又怕偿还人命。

就这样，女人每天折磨自己，身体日渐消瘦，胸中就像堵了一块石头，吃不下也睡不着。终于有一天，女人决定给他的邻居制造点晦气，这天晚上她在花圈店里买了一个花圈，偷偷地给邻居家送去。当她走到邻居家门口时，听到里面有人在哭，此时邻居正好从屋里走出来，看到她送来一个花圈，忙说："这么快就过来了，谢谢！谢谢！"原来邻居的父亲刚刚去世。这人顿觉无趣，"嗯"了两声，便走了出来。

故事中的主人公出于嫉妒，把自己置于一种心灵的地狱之中，折磨自己，然而最终却一无所得。

许多女人的嫉妒心理源于她的心胸狭窄，而心胸狭窄则由于她的社会圈小，视野不广；再加上，看待爱情女人往往重于男人，她的爱情往往表现出对情人或男友或丈夫激情澎湃的爱。因而可以说，一个女人若是对某个男人毫无嫉妒心，那表示这个男人跟她毫无关系，她根本就没有把这个男人放在心里。但如果过分嫉妒，那她的男友就会大感束缚，很不舒服，最后可能会因为耐不住而与她分手。可见嫉妒如同味精，在男女之爱中加一点点可起调味作用，加多了就会变苦，以至无法入口。男女之间若不懂上述道理，恋爱便可能随时触礁。

很多女人每当嫉妒一个人的时候，往往掩饰不了自己面部的丑陋，连说话的口气里都满是怨恨和悲哀，即使你觉得自己已经做得不显山不露水，其实那不过是掩耳盗铃，自欺之举。嫉妒时容易做出愚蠢行为，且欲盖弥彰只能更加使自己的卑劣行径暴露无遗，令人嫌恶。

与其在嫉妒中过日子，不如在崇拜中培养自己，培养自己良好的心态，接受别人的优点，做自己想做的事情，用一颗宽大的心使自己成为一个平凡而有内涵的人。

别让心灵落上尘埃

我们每一天都必须尽力去清除困扰我们心灵的“思想渣滓”，譬如，对自己以往言行的悔恨，后悔自己不当的行为伤害了别人，还有工作的不顺，以及待人刻薄，等等。

“天下本无事，庸人自扰之。”我们每个人从出生的那一天起，就得到了一份上帝送给我们的最好的礼物，那就是世界。那么，我们也应该还给这个世界一份礼物，那就是我们对这个世界的爱，对这个世界上所有的人、物的爱。

想一想，我们的父母把我们每个人带到这个世界上，的确是一种奇迹。我们和给了我们生命的父母能在一起生活，是一种缘分，也是一种幸福；我们和我们周围的人，不管是你的邻居、你的同事、你的朋友，甚至你的敌人，能一起生活在这个星球上，而且还处于同一个时代，的确也是一种缘分，一种幸福；我们和路旁的小树、小草，花园里盛开的花朵，树荫里快乐地鸣叫着的小鸟，树林里快活地跳跃的小鹿，能一起生活在同一片蓝天下，也是一种缘分，一种幸福。俗话说，“十年修得同船渡”，那么，我们和我们的父母、我们周围的人、花朵、小鸟、小草、小树、小鹿，一起生活在这个世界上，不知道是修了多少年的缘分才得来的？即使别人对我们不屑一顾，我们同样可以坚守住自己内心的那一份美好，为心灵洗去尘埃。

有一个人和朋友在报摊上买报纸，接过报纸时，他礼貌地对报贩说了声“谢谢”，但报贩却冷口冷脸，没发一言。

“这家伙态度很差，是不是？”他们继续前行时，朋友问道。

“他每天晚上都是这样的。”这个人回答说。

“那么你为什么还是对他那么客气？”朋友很诧异。

这个人答道：“我说谢谢是出于我的本心，这是我的事，而他的态度怎么能决定我的行为呢？”

事实上，在我们每一天的生活当中，只要我们稍不谨慎，都会或多或少地制造出一些思想渣滓来。所以，我们每一天都必须尽力去清除困扰我们心灵的“思想渣滓”，譬如，对自己以往言行的悔恨，后悔自己不当的行为伤害了别人，还有工作的不顺，以及待人刻薄，等等。我们要把这些思想的渣滓及时清除掉，不要让它们污染了我们的心灵。

曾经有一个人，感到人生乏味，意志消沉，并且愈来愈加严重，他只好去看医生。在对他的身体做了全面检查后，医生并没发现任何异常。于是医生便建议他出去旅游，回到他少年时代最喜爱的地方去度一次假。度假期间，不要与人交谈、读书、写作以及听收音机，然后医生给他开了四张处方，吩咐他分别在度假那天的上午9点和12点，下午3点和6点打开。

他依据医生的吩咐到了少年时代心爱的海滩疗养，上午9点他准时打开第一张处方，上面写着“仔细聆听”。他当时就懵了：难道医生

病了？让我连坐3个小时？但他还是试着按医生的吩咐耐心地四下倾听。他听到海浪声、鸟声，不久又听到许多从前未注意的声音，他一边聆听，一边想起小时候大海教给他的耐心、尊重以及万物息息相关等观念，他逐渐听到往日那熟悉的声音，也听出沉寂，心中逐渐平静下来。

中午12点，他打开第二张处方，上面写着“设法回顾”。于是他开始从记忆里挖掘点点滴滴的快乐往事，想起那些细节，心中渐渐升起一种温暖的感觉。

第三张处方上写着“检讨动机”。这比较难以办到，因为所有的人都要为自己的行为辩护，在追求成功、受人肯定与安全感的驱使下，他不得不采取某些举动。可最后仔细想想，这些动机并不完全恰当，这也许正是他陷入低潮的原因。回顾过去愉快满足的生活，他终于找到了答案。

第四张处方上写着“把忧愁写在沙上。”于是他俯身用贝壳的碎片在沙滩上写了几个字：“忘掉忧愁，洗去心灵的尘埃”，然后转身离去，甚至连头也不回。因为他知道，潮水马上会涌上来将这些带走。

其实，只要我们洗涤掉心中的尘埃，培养高尚的情操，时刻修养自己的心灵，只要我们把人生的意义和目标弄清楚，它就会像一座灯塔，指引着我们前进的方向。我们再想一想，我们在这个世界上，只能生活短短的几十年，这几十年如同过眼云烟一般短暂，的确是太短太短的一个瞬间。而获得朝气与希望的首要方法便是常常洗涤我们的心灵，拂去心灵的尘埃，这一点是我们不可忽视的。

不必刻意追求完美

人生有许多的不完美，千万不要抱怨，苦苦去追寻不完美中的完美，而失去你身边的宝。只有珍惜你已经拥有的幸福，用平淡的心去面对生活，才会让自己豁达、快乐。

追求完美几乎是现代女性的通病：对于自身来说，胸部不够大去隆胸；腰部不够细去减肥；臀部不够美去健身；竟然连父母遗传下来的单眼皮很多女人也不肯轻易放过，非要割上一刀。对于婚姻家庭的苛求就更不用说了。然而不幸的是，有些人以为自己是在追求完美，其实她们才是最可怜的人，因为她们是在不完美中追求完美，而这种完美，根本不存在。

有一回去参加一位女性激励大师的演讲，她说到有个洁癖的女孩："因为怕有细菌，竟自备酒精消毒桌面，用棉花细细地擦拭，唯恐有遗漏。这位有洁癖的女孩，难道不知道人体表面充斥细菌，比如她自己的手，可能就比桌面脏吗？我建议她：干脆把桌子烧了最干净！"

一个孩子犯了一个错，母亲不断地指责，因为她要为孩子培养完美的品格，孩子拿出一张白纸，并且在白纸上画了一个黑点，问："妈，你在这张纸上看到什么？"

"我看到这张纸脏了，它有一个黑点。"母亲说。

"可是它大部分还是白的啊！妈妈，你真是个不完美的人，因为你只会注意不完美的部分。”孩子天真地说。

要求完美是件好事，但如果过头了，反而比不要求完美更糟。就像我们居住的屋子，永远不可能如展示屋那样整齐干净，如果一味地强求，反而会使居住成为噩梦一般。世界上有太多的完美主义者了，他们似乎不把事情做到完美就不会善罢甘休似的。而这种人到了最后，大多会变成灰心失望的人。因为人所做的事，本来就不可能有完美的。所以说，完美主义者根本一开始就在做一个不可能实现的美梦。

他们因为自己的梦想老是不能实现而产生挫折感，就这样形成一个恶性循环，最后让这个完美主义者意志消沉，变成一个消极的人。所以，培养“即使不完美，不上不下也没关系”的想法是相当重要的。

因为太过于追求完美，反而会使事情的进行发生困难。

有些人很勉强自己，不愿做弱者，只愿逞强，努力做许多别人期待自己却不愿做的事，这种人，才是真正的弱者。人一对你抱期望，就怕辜负了人，硬是勉强也要实现承诺，到头来才发现，原来是自己太软弱。

从根本上必须承认的，是自己的心。只有承认软弱，才可能坚强；只有面对人生的不完美，才能创造完美的人生。

女人是很重视自己身材的，胸部更是女人用来调整自信的指标。但这有需要吗？每个人的形态、比例、气质不同，胸大并不代表美丽，胸小也不表示没魅力。况且，如果女人的幸福必须以胸部大小来决定，岂不是太悲哀？

人生确实有许多的不完美，但我们可以选择走出不完美的心境，而不是在“不完美”里哀叹。这样，你才会成为一个真正意义上的快乐女人。

积极面对人生中的每一天

当女人身处逆境之中，想要突破生活与命运为基础的樊篱，必须要调整好自己的心态，以一种乐观、积极、向上的心理去迎接人生中的各种挑战，将一切烦恼与忧虑都抛之脑后。拥有好心态的女人，就获得了一半的成功。

在社会上，男性成功的比例要高于女性，因为许多女人一旦失败就退居人后，全心做家庭妇女。她们的生活从此变得乏味空虚，而那些坚持到最后的成功女性则活得充实、快乐。凡事不要退缩，用积极的心态去面对，你的人生将会有所改变。

在推销员中，广泛流传着一个这样的故事：两个欧洲人到非洲去推销皮鞋，由于炎热，非洲人向来都是打赤脚，第一个推销员看到非洲人都打赤脚，立刻失望起来："这些人都打赤脚，怎么会要我的鞋呢。"于是放弃努力，失败沮丧而回。另一个推销员看到非洲人都打赤脚，惊喜万分："这些人都没有皮鞋穿，这皮鞋市场大得很呢。"于是想方设法，引导非洲人购买皮鞋，最后发大财而回。

这就是一念之差导致的天壤之别。同样是非洲市场，同样面对打赤脚的非洲人，由于一念之差，一个人灰心失望，不战而败；而另一个人满怀信心，大获全胜。

拿破仑·希尔曾讲过这样一个故事，对我们每个人都极有启发。

塞尔玛陪伴丈夫驻扎在一个沙漠的陆军基地里。她丈夫奉命到沙漠里去演习，她一个人留在陆军的小铁皮房子里，天气热得受不了——在仙人掌的阴影下也有华氏125度。她没有人可以谈天，只有墨西哥人和印第安人，而他们不会说英语。她非常难过，于是就写信给父母，说要丢开一切回家去。她父亲的回信只有两行，这两行字却永远留在她心中，完全改变了她的生活："两个人从牢中的铁窗望出去，一个看到泥土，一个却看到了星星。"

塞尔玛一再读这封信，觉得非常惭愧，她决定要在沙漠中找到星星。塞尔玛开始和当地人交朋友，他们的反应使她非常惊奇，她对他们的纺织品、陶器表示兴趣，他们就把最喜欢但舍不得卖给观光客人的纺织品和陶器送给了她。塞尔玛研究那些引人入迷的仙人掌和其他各种沙漠动植物，又学习有关土拨鼠的知识。她观看沙漠日落，还寻找海螺壳，这些海螺壳是几万年前这沙漠还是海洋时留下来的……原来难以忍受的环境变成了令人兴奋、流连忘返的奇景。

是什么使这位女士内心有这么大的转变?

沙漠没有改变，印第安人也没有改变，但是这位女士的念头改变了，心态改变了。一念之差使她把原先认为恶劣的情况变为一生中最有意义的冒险。她为发现新世界而兴奋不已，并为此写了一本书，以《快乐的城堡》为书名出版了。她从自己造的牢房里看出去，终于看到了星星。

生活中，失败平庸的女人多数主要是心态观念有问题。遇到困难，她们只是挑选容易的倒退之路。"我不行了，我还是退缩吧。"结果陷入失败的深渊。成功的女人遇到困难，仍然抱有积极的心态，用"我要!我能!"、"一定有办法"等积极的意念鼓励自己，于是便能想出办法，不断前进，直至成功。

叶乔波十岁的时候开始踏上滑冰场，那时的她是个凡事追求完美的孩子，为了实现自己心中的梦想，年幼的她每日接受着严酷的训练，一路上她还是坚持了下来。18岁时，她的头椎受伤，经几家大医院诊断后得到相同的结论：如果她再继续练将会有瘫痪的危险。这一次，她面临了一个艰难的选择，是不计后果地继续训练还是从此退出赛场，最后她毅然地选择了前者。她以顽强的意志力忍受着令人望而生畏的“牵引术”，病愈后，她又重新回到了冰场上。可是她得病期间吃了中药，由于里面含有禁药成分，以至于被国际滑联取消了参赛资格，这对年轻气盛的她来说又是一次重重的打击，23 岁的她还有多少的运动生涯呢？四年后的冬季奥运会上，终于有了她的身影，她以一连串震惊的成绩令世人刮目相看。此时，28 岁的她又要面临人生中的重要抉择，是去还是留再一次困扰着她，是激流勇退还是再接再励争取 1994 年冬奥会的金牌？再三斟酌后的她再一次留了下来，她要超越自我的信心使她斗志昂扬，要继续完成一项神圣的事业。她将自己的目标建立在追逐目标的奋斗之中，建立在实现目标的那一刻。然而，命运再一次和她开了个玩笑，在比赛的前夕，她患上了盲肠炎，需要做手术。毅力顽强的她不禁泪流满面，人生中能有几个四年呢？难道自己的所有努力都要付诸流水吗？倔强的她恳求医生用中医的疗法来治病，上天没有辜负努力的人，最后她的病情奇迹般的转好。虽然命运再一次捉弄了她，但最终她凭着自己一流的技术和意志，获得了成功。身处逆境，她没有逃避，而是勇于直面它，可以说，是她顽强的毅力才会让她取得一次又一次成功。

英国诗人波普说：“并非每一个灾难都是祸，早临的逆境常是幸福。经过克服的困难，不仅给了我们教训，并且对我们历次的奋斗有所激励。”美国作家爱默生说：“每一种挫折或不利的突变，都带着同样有利的种子。”巴尔扎克说：“挫折和不幸，是天才的进身之阶；信徒的洗礼之水；能人的无价之宝；弱者的无底深渊。”女人的名字不叫弱者，女人知道挫折是命运在人生路上给她设的考验。当身处逆境时，我们唯有选择直面它，超越它，并战胜它，直至消除它。

自信让女人更美丽

信心的力量是惊人的，它可以改变恶劣的现状，造成令人难以相信的圆满结局。拥有信心的人永远击不倒，他们是人生的胜利者。

自信是女人最好的装饰品，它会让你时刻焕发光彩，给人们心动的吸引力。自信的女人表现的气质是一种执著与坚定，可以让女人在未来的日子永远昂首挺胸，骄傲地宣称："我是最棒的！"

拥有自信的人之所以会心想事成、走向成功，是因为他们都懂得开发自己巨大的潜能；消极失败的心态之所以会使人怯懦无能、走向失败，是因为它使人放弃潜能的开发，让潜能在那里沉睡，白白浪费。

自信女人对待事物，不看消极的一面，只取积极的一面。如果摔了一跤，把手摔出血了，她会想：多亏没把胳膊摔断；如果遭了车祸，折了一条腿，她会想：大难不死必有后福。她把每一天都当做新生命的诞生而充满希望。

美国成功学学者拿破仑·希尔关于心态的意义说过这样一段话："人与人之间只有很小的差异，但是这种很小的差异却造成了巨大的差异！很小的差异就是所具备的心态是积极的还是消极的，巨大的差异就是成功和失败。"

在女人的一生中可能随时都会碰到困难和挫折，甚至还会遭遇致命的打击。在这种时候，心态的积极与消极会对事业的成败产生重大的影响。

然而，在自卑的女人眼里，蔚蓝的天空都会变成灰色；在乐观的女人眼里，阴霾之中也能看见明天的太阳。放弃自卑，选择自信，女人一生会更加美丽和幸福。

凯斯·黛莉从小时候起就有一个不为人知的梦想：她想成为像芭芭拉·史翠珊那样有名的歌手。

黛莉从未向人透露过这个梦想。她只是在没有人的时候放开嗓子歌唱。原因其实很简单：她长着一张难看的阔嘴和一口奇怪的暴牙。

黛莉一直对自己的暴牙自卑不已。到高中毕业聚会时，因为每个人都得表演节目，她便选择了唱歌。她穿着母亲的白色小礼裙，紧张地站在舞台中央。音乐响起，她开始和着唱。她一直很在意自己的牙齿，为了使它不影响自己的魅力，她一直想办法把上唇向下撇，以此来掩饰她暴出的门牙。这样的唱歌方式当然十分别扭，她唱得心不在焉，声音变得扭扭捏捏，甚至连好几段歌词都给忘到了脑后。

同学们看到她奇怪的样子，忍不住哄堂大笑。这是黛莉第一次公开演唱，却得到这种难堪的结果，自然会令她沮丧万分。

这时，音乐老师史密斯夫人来到她身旁，很诚恳地说："凯斯，其实你的嗓子很棒，完全可以唱得更好。但你唱歌时，好像在试图掩饰什么。你不太喜欢自己那口牙齿吧。"

黛莉正是被说中了心事，羞得满脸通红。

史密斯夫人又直率地说："这又有什么关系呢？暴牙并不是什么罪过，你为什么要拼命地掩饰呢？张开你的嘴巴吧。只要你自己不引以为耻，观众也一定会喜欢你的。说不定，这口牙齿还能给你带来好运气呢！"

黛莉接受了老师的建议。她开始大胆地在各种公共场合演唱。她不再去想自己的暴牙，只是张开嘴，尽情地放声歌唱。几年后，黛莉成了红极一时的歌星！

其实，人不可能十全十美，女人身上或多或少地存在着一些缺陷。大多数时候，女人害怕因为自己的缺陷而遭到他人的讽刺和嘲笑，所以费尽心思，想将它们掩盖起来。但这样遮遮掩掩，反而起到欲盖弥彰的作用。

其实，只要女人自身能正视自己的缺陷，就无需在乎别人诧异的眼神。女人完全可以将缺陷大大方方地展现在别人面前，通过自己的努力，让别人忘记起你的缺陷，而将该意力集中到你的优点上。放弃自卑，选择自信的女人，不但会让自己变得更加美丽，也会让自己的事业和人生离成功更近一步。

美国潜能成功学家罗宾说："面对人生逆境或困境时所持的信念，远比任何事都来得重要。"这是因为，积极的信念和消极的信念直接影响创业者的成败。

积极的心态有助于人们克服困难，使人看到希望，保持进取的旺盛斗志。消极心态使人沮丧、失望，对生活和人生充满了抱怨，自我封闭，限制和扼杀自己的潜能。

积极的心态创造人生，消极的心态消耗人生。积极的心态是成功的起点，是生命的阳光和雨露，让人的心灵成为一只翱翔的雄鹰。消极的心态是失败的源泉，是生命的慢性杀手，使人受制于自我设置的某种阴影。女人选择了积极的心态，就等于选择了成功的希望；选择了消极的心态，就注定要走入失败的沼泽。女人若想取得人生的幸福，只有拥有了积极的心态，才能在纷繁复杂的社会中把准自己的航向，最终达到成功和幸福的彼岸。

以一颗平常心沐浴阳光

拥有一颗平常心，就等于拥有了幸福的根。只要拥有了这个根，幸福的藤才能在你的周遭蔓延开来……

人生短暂，与浩瀚的历史长河相比，世间的一切功名利禄皆为短暂的一瞬。在人生的路途上执著的走着，虽有那么多无奈，用心地去感受着的酸甜苦辣，细细地去体味其中的喜怒哀乐，面对平凡的世界，过着平淡的生活，乃人生最大幸福！女人能在平平淡淡的日子里，享受一份宁静的美丽，享受人生的另一番情趣。那么，你就会发现人生的旅途中处处有美丽的风景，生活就会时时有温馨的笑靥。

女人，之所以不快乐，不幸福，往往是因为追求的太多，想要的太多。好高骛远、患得患失的心理，促使一颗不安分的心，在烦恼中挣扎，在愁苦中纠结，那么为何不保持一颗平常心，让生活多一份宁静的快乐呢？

有人说，上帝是如此厚待我们，我们要懂得感恩与满足：当我们的眼睛还能看见蓝天白云，要懂得微笑地满足；当我们的耳朵还能听到春日里清脆的鸟鸣，我们要懂得感受大自然的馈赠……其实，幸福的生活正是由这些微小的事物成就的，平淡的生活也不过开门七件事：柴、米、油、盐、酱、醋、茶。而聪明的女人一直都懂得，只有平常的幸福才是最珍贵的幸福。生活中不会总是激情澎湃；生活中也不都是热情如火；男人不都是潇洒英俊，事业有成；工作不都是高薪厚禄，一路顺风；生活更不会每天都有鲜花和掌声。生活中更多的时候是平淡如水，游走在各个角落的更多的是平凡的人。苛求太多，埋怨太多，只能使幸福与自己擦肩而过，甚至背道而行。

一位高僧正带一群小沙弥在佛堂闭目，静坐打禅。忽一阵风吹过，将悬挂在老和尚后面的幡（悬挂的字画）轻轻吹起，一摇一晃。此时，小和尚们纷纷睁开了双眼，开始争执："是风在动，还是幡在动？"

一时间，谁也不能说服谁。恰在此时，老和尚微睁双眼，说到："不是风动，也不是幡动，而是你们的心在动。"

其实人的生活也大抵如此。

在喧嚣而躁动的世界里，因为太多的纠葛和羁绊，而使原本平和的心，饱受世事的碾压，顾虑过多的得失。如果心胸宽阔，不以物喜，不以己悲，就足以承受任何过错得失，也足以抵挡住任何是非恩怨。

保持一颗平常心，实质上也就是把外在的世界和内心保持一个平衡点。有了这种平衡，女人，会少些焦虑，少些浮躁；多一份安适，多一份恬谧，心似一泓碧水，清澈明亮，继而胸襟为之开阔。在现代紧张生活的压力下，仍有心情去感受宠辱不惊，闲看庭前花开花落，去留无意，望天外云卷云舒的那份自在！这才是我所想要的真实而快乐的人生。

作为女人，固然不可能像佛家高僧那样进入一种无我、心外无物的高超境界，但至少还可以努力去做到临危不惧，临辱不惊，不以物喜，不以己悲吧？成功时不要得意忘形，失败时也不要灰心气馁，以一颗平常心坦然处之。

拥有一颗平常心，这种快乐简单而又纯粹。这种快乐的源泉可以是看到早春里的第一片绿叶；看到一朵含苞欲放的小花；经历一场丝丝的小雨；伴着清风晚月夜幕的降临，躺在凉爽的竹床上看星星望月亮；甚至接到朋友一个温馨的短信；给好久没有见到的朋友一个拥抱，让彼此感到真的非常高兴，快乐原来是可以传染的。

拥有一颗平常心的女人，会安于自己的选择，珍惜自己想得到并已得到的，不会去觊觎别人的成就，这样的女人优雅而从容。刻意的追求完美，却弄得自己伤痕累累，这是不可取的。有所得必有所失，失之东隅收之桑榆，这是自古常理，平心静气地做好自己的事情才是硬道理。如果定下了目标但仍战战兢兢，就要想想自己的能力，是否足够达到目标，而改变这种慌张需要的就是一颗平常心。平常心态有时比什么都重要，只要试着改变自己，培养好的心态，就会对生活重新燃起热情和希望。

拥有一颗平常心，就是让自己知道，既然改变不了环境，那就改变自己；改变不了事实，那就改变态度；不能控制他人，那就把握自己；不可能万事顺心，但可以每次都尽心；不可能改变天气，但可以左右心情。不刻意强求什么，珍惜自己原有的，不去想那些遥不可及的，这样才能做个快乐的女人。

我们感悟平常心，希望拥有平常心，读懂平常心，就像夜里看到满天星光。感悟平常心，宛如在静静的旷野，在清幽的山涧，寻找清泉，寻找幽兰，静听樵歌。拥有平常心，宛如拥有一架美妙的竖琴，让女人的心灵沉浸在欢欣、激昂的乐曲里；宛如向心灵世界播撒阳光、雨露，满溢波涛与浮光。

要知道，更多的时候，世界没有改变，改变的是我们的心情。每天给自己一个微笑，开心就好。做一个潇洒健康快乐的女人，让一颗平常心时刻沐浴着阳光，享受着生活的每一天，在阳光中体验做女人的潇洒。

快乐需要用心去浇灌

成功主要来自我们自己的勤奋努力，而不是别人的辛劳。每个人都有每个人的一方天地，我们不要让没有意义的竞争搞的自己迷失了方向，更不要让嫉妒的心理干扰了我们埋头做事情的心情。

很多人都说快乐是情感上的享受，但是我们想要得到这个享受却要用理智进行不懈的追求。

快乐也是有成本的，我们想要得到快乐，就必须先要磨练自己的耐性，从而付出艰苦的努力和等待。我们只有先播下种子，用心去慢慢浇灌，用不追求收获和理智的心态去等待快乐果实的成熟。

我们要想品尝到成功的快乐，就必须先付出自己的勤劳和努力，想要品尝到交朋友的快乐，当然首先就必须要克服自己的自私和自利；当我们想要品尝恋爱的快乐，就必须先要学会怎么样来不滥用自己的爱情，总之，一切快乐都是要付出耕耘的，只有耕耘才会有收获。

无论你从事什么样的工作和事业，但是首先还是要把成败得失的念头抛开，把自己从事的事业和工作当成是在做一件精美的艺术品来看待，这样才能够满足的自己的理想和情趣，这样也才能够让自己的眼界更加的开阔，能够做到胸襟豁达，从而自己的心情也将变得愉快，成功的可能性就大大增加了。而当你心中有了一个广大的世界，那么你对眼前生活圈子里狭小的恩怨，自然也就不会去斤斤计较了。

每个人都是有抱负的，但是很多人往往都忽略了积少成多的道理，一天就想着一鸣惊人，而不去做埋头耕耘的工作。可是等到忽然有一天，那些看起来比他起步晚，比他天资差的人，可能都已经有了非常可观的收获，那么这个时候他才可能会意识到自己在这个世界上已经一无所有了。也许这时他才会明白，不是老天爷对他不公平，而是他自己一只在等待着收获，却忘记了进行播种。

我们一天光知道对自己无法实现的愿望进行焦急的等待也是徒劳的。就好像你去爬山，你只能是低着头，认真而努力的向上攀登。当你到达山顶，付出了很多的辛劳和努力之后，你登高下望，你才可以看见自己已经在不知不觉中克服了很多困难，走过了很多的险路。这一次小小的成功，也将会为你以后更大的目标做一个很好的积累。

我们人生的最终目标绝不是转眼之间就能够达到的，当我们在没有付出艰辛的代价之前，我们只要遥望着目标发出感叹，这样是无济于事的。而我们只有从基础做起，步步为营地朝着自己的目标奋进，我们才可以慢慢接近它，最后战胜它。

中国有句俗话叫："唯有埋头，才能出头。"一颗种子如果不经过在坚硬泥土中的挣扎和奋斗的过程，那么它永远都会是一个干瘪的种子，根本不会发芽，要想成为一棵苍天大树就更可笑了。

曾经有这样两个人，一个是体弱多病的富人，而另一个是健康的穷人，他们两个人都很有意思，总是互相羡慕对方。富人为了有像穷人一样健康的身体宁愿放弃自己的财富，而穷人为了能够有财富，宁愿不要自己的健康。

就这样，一个偶然的机会，一位世界著名的外科医生发现了人脑的交换方法，于是富人赶紧提出了要和穷人交换脑袋。当手术成功以后，穷人就成为了富人，而富人则成为了穷人。

但是没有过去多长时间，成为了穷人的富人由于自己有了健康的身体，于是就有了想要成功的想法，他又开始渐渐地积累起了财富，可是与此同时，他一天还总是担心着自己的身体，每当感到一点不舒服，他就开始大惊小怪。由于他总是这样或那样的担惊受怕，时间之长，他本来好好的身体又恢复到了原来那样的多病状态，也就是说，他成为了穷人，而且还是一个体弱多病的穷人。

那原来那位身体健康的穷人又怎么样了呢？

成为了富人的穷人这下子总算有了钱了，但是他的身体开始不好了。可是，他还是没有忘记自己一个穷人出身，头脑中始终都是失败的意识。他也不想用换来的财富建立一种新的生活，而是把钱都浪费在了一些没有用的投资上面。就这样没有过多长时间，他的所有的钱都被他挥霍一空了，于是他又成为了穷人。但是，由于这个穷人无忧无虑，换脑时给他带来的疾病好像不知不觉就消失了。于是他还坚持每天进行积极的运动，最后又有了一副健康的体魄。到了后来，两个人又恢复到了原本的状态。

在这个世界上，我们常常会感叹世道的不公，有的时候我们总是觉得自己囊中空空，但是我们好好想一想，如果给你把脑袋“换掉”的话，你是否最终也是会回到原来的样子呢。一个人能够清楚地认识自己是最难的，特别是既能够认识自己，而且还能够清楚地认识到自己以后的发展方向，并且知道自己应该如何为了自己的目标去奋斗，这将是更不容易的。因为我们很多人都把别人的习惯误认为是自己的习惯，把别人的爱好当成自己的爱好，把别人的人生发展方向看成是自己的人生发展方向。

在这个世界上，总是有人能够成功，而有的人却只能与失败为伴。一个人能否成功的关键不仅仅是在于他们应该如何去做，而是在于他们到底做了没有。

成功并不是一种虚荣，它是自己人生价值的体现，是社会为你的价值开出的一张证明书。

有人说，成功的意义什么？其实成功的意义就在于发挥了自己的所长，尽了自己的努力之后所感到的一种无愧于心的收获之乐，而单单的是为了虚荣或金钱。成功也并不一定是指大事，每一件小小的工作的完成，都是成功，其实成功并不难。

乐观让心境充满阳光

面对生命的风风雨雨、起起落落、反反复复，我们一定要以积极、乐观的心态去对待，再苦也要笑一笑。不要因为淋到了雨，吹到了风，便羡慕温室里的花朵，对镜自怨自艾。

作为一个女人，在几十年的生活体验中，总有一些时候会感到心情郁闷、情绪低落，这是十分正常的，因为生命本身就是一种节奏——白天与黑夜，热与冷，春与秋，乌云与晴朗……那些起起落落的交替都是自然而生、无法避免的。再坚强的女人也会有孤立无助的时候。但是，如果抑郁的时间过久或者困惑过重，就很容易变得消极、堕落、颓废。

我们也可以将女人分为两种类型——神采奕奕型和沮丧忧郁型。神采奕奕的女人活得幸福而自信，并且能给予周围很多人丰富的爱，让他们感觉到温暖和快乐；然而沮丧忧郁型的女人却常常将烦恼和忧愁写在自己的眉目间，将自卑和失落铭记在自己心里面，让周围的人也陷入一种无端消极和伤感中。或者说，“乐观的人像太阳，照到哪里那里亮；消极的人像月亮，初一十五不一样。”试问，你想做太阳还是月亮？

此外，在面对同一种情况时，不同的人也会有不同的心情和理解。天空中飞翔着一只小鸟，一位正在锄田的老人叹气道：“它真苦，四处飞翔只为觅一口食。”可是，另一位看见小鸟的少女却感慨说：“它真幸福，有一双美丽的翅膀，可以自由自在地飞翔。”这也告诉我们一个道理，看待事情要从积极的一面出发，凡事都多往好处想一想，时常保持着一种美丽的心情，灿烂、自信的笑容就会挂在脸上，写在心间。其实，心态便是一座不停歇的钟表，平庸的人随着它的摆动感慨太阳东升西落，乐观的人却会在它的节奏里感知太阳西落还会东升。快乐是一天，伤心也是一天，为什么不选择快乐呢？充实是一生，颓废也是一生，为什么不选择充实呢？或许，一个人的降生就意味着痛苦的开端，生命的过程就是不断地与痛苦抗争、取得最终胜利的过程。

我们都听说过桑兰这个名字，她是原国家女子体操队队员，曾代表中国女子体操队多次获得国内、国际重要比赛的金牌。然而，在1998年7月22日，她在第四届美国友好运动会的一次跳马试跳时中不慎从高空栽到在地上，而且是头先着地，导致第六根和第七根颈椎错位挫伤，并伴随神经组织损伤，可能导致瘫痪。经过诊治，桑兰颈椎错位部分已复位成功，她神志清楚，上肢活动能力渐有好转，但胸部以下已失去知觉。但是，坚强的桑兰在轮椅上创造了一个又一个的人生奇迹，她用她自己的坚强、乐观感动了所有的人，美国人称她为“伟大的中国人民光辉形象的代表”，国务院副总理钱其琛同志在看望桑兰时说：“中国领导人和中国人民都知道这位勇敢的女孩的事。”美国前总统克林顿曾给桑兰写过信，赞扬她面对悲剧时所表现出来的勇气。桑兰与“超人”会面的经过在美国ABC电视台播出，这个电视台50年来只采访过两个中国人，一个是邓小平，一个是桑兰。

这个笑容甜美的姑娘来自浙江宁波，1993年进入国家队，个性温顺，但在遭受如此重大的变故后却表现出了难得的坚毅，她的主治医生说：“桑兰表现得非常勇敢，她从未抱怨过什么，我非常敬佩她的勇气和乐观。”桑兰自己也说：“就算是知道自己再也站不起来之后，我也绝不后悔练体操，我对自己有信心，我永远都不会放弃希望。”

桑兰曾经是中国奥委会官方网站的特约记者、“奥运之星保障基金”的发起人，还被称为“申奥大使”，她不愧为中国体育界的“阳光女孩”。

读到这里的时候，我们想说，上天是不公平的，但是，人生总是风雨无常的，如果一切都顺利、安然地进行下去，也需就不能称之为人生了。面对生命的风风雨雨、起起落落、反反复复，我们一定要以积极、乐观的心态去对待，再苦也要笑一笑。不要因为淋到了雨，吹到了风，便羡慕温室里的花朵，对镜自怨自艾；不要因为小石子碰到了脚，就气愤路面的不平，再踢几脚，肯定会更疼，于是愈加气愤，继续踢，这不仅会耽误大好的光阴，也会使自己陷入负面情绪的恶性循环中。

第四章
提升修养：女人可以没钱，不能缺少修养

一个有修养的女人，坐立行走、举手投足、喜怒哀乐都会散发出优雅的气质，这也是其内在文化素质的外在表现。如张曼玉历久弥香的醇美、杨澜饱含文化底蕴的书香气，就把女人的优雅气质诠释到了极致。因此，有人说，作为一个女人，可以没钱，但不能缺少了修养。

修养是滋润心田的香茗

人生最珍贵的不是地位、名誉、金钱，而是修养。修养是智慧的心曲，是思想的灯盏，是灵魂的美韵。与有修养的人谈话，如品香茗，如沐阳光，如坐春风。

修养是一杯温馨的茶，只有细细品尝，才能欣赏到它的妙处。因为，修养中蕴藏着美好而成功的人生，它高贵而典雅，清新而透明。它像有薄雾弥散的清晨那样令人遐思，又像静谧安逸的黄昏那样让人憧憬，不去认真体味，就难以感觉到它的浓郁和美好。

“淡泊以明志，宁静而致远。”这是中国传统文化修身养性的较高境界，有修养的人懂得，只有淡泊世事之后，才会洞明凡尘；只有清心内收之时，才会高瞻远瞩。修养者，修身养性，修心养正，修正错误邪佞，颐养正大光明。儒家以“明明德，亲民，止于至善”为修行总纲；道家以“性命双修，返璞归真”为修行准则；佛家以“明心见性，见性成佛”为修行捷要。我们生活在这个世界上，即要修正身心，涵养性情，诸恶莫作，众善奉行。不求超凡脱俗，但求无愧我心。因此，我们说，良好的修养有助于我们达到一种至高的人生境界。

为了生活而忙碌奔波的我们，可曾静下心来，回过头去，认真沉思并发现这样的问题：我们掌握了谋生手段，却不懂得生活的真谛；我们不断地在聚敛物质财富，却逐渐失去了自我价值；我们让年华付诸流水，却不曾将真诚倾注其中；我们行驶的道路宽了，眼光却越来越狭隘了；我们学会了追赶时间，却没有学会耐心等待；我们可以征服外部空间，却难于走进内心世界；我们购买了很多，可从中得到的快乐却越来越少了；我们话语太多，真爱太少……

人的一生中总有许多这样的时刻，觉得有些东西是自己的，拥有的时候不太在意，一旦失去则追悔莫及；或者无法拒绝自己不愿选择的东西，可你一旦发现了它的美，就会有意外的收获。过去的已过去了，是静止的，我们没法变更；而未来是流动的，我们的任何行为都会影响到它，只要我们积极、乐观，就会抵达人生的另一重美好境界。这时我们需要用修养的香茗来滋润自己的心田。有一首诗这样写道："你知道，你爱惜，花儿努力地开；你不知，你厌恶，花儿也努力地开。"是的，花儿总是在努力地开，美好的日子也一天天地流逝。你该欣喜地度过每一天，还是痛苦地度过每一日，全在于你心中是不是闪耀着修养的光辉。

人生修养的最高境界："富戒骄，贫戒怨；不迁怒，不贰过。"孔子说过："贫而无怨，难；富而无骄，易。"富而无骄的意思是指，人有了地位，有了财富，有了自己成功的事业，有了耀眼的成绩而不骄傲，不是一件很容易的事情，但和"贫而无怨"比较起来，还是比较容易做到的。从古至今，真正能做到"富而不骄"的人为数不多，因为，富贵了，地位高了，有权了自然就会骄傲。其实，权高位重未必意味着才高德高。

"贫而无怨"的"贫"除过指经济贫穷外，在古文里还包括不得志的意思。人贫穷了或者不得志了就产生一系列幽怨情绪，如怨天尤人，牢骚满腹。所以，古代贤圣要求自己做到"安贫乐道"，这也是一个做人的基本原则，但并不是说不求上进，而是教育我们在暂时不得志的情况下，不要抱怨，要有耐心、有勇气打破这种格局。

"不迁怒，不贰过"这六个字其实也并不是特别难以做到的事情，只要我们在日常生活中严格要求自己，积极地控制自己的情绪，知错能改就可以了。比如，一个人在单位受了上级的气，受了自己惹不起的人的气，回到家里就拿老婆、孩子撒气，这就叫"迁怒"，是不应该的，这个人也谈不上是一个有修养的人。最难做到的还是"不贰过"，所谓"贰过"，是指第一次犯了错误，第二次接着再犯，也就是"重蹈覆辙"。比如，一个恶人抽烟、戒烟，抽了又戒，戒了又抽，总是戒不了，就是"贰过"。

修养是定力的增加，修养是道德的提升，修养是学问的丰富，修养是人格的完善。有修养者光明磊落，胸怀坦荡，正气凛然，与人为善，不与人争。修养助我们达到“得意泰然，失意坦然”的人生境界。唯有达到这种境界才能使我们的心田得到彻底的滋润。

礼貌是一张通行证

礼貌的作用，如同阿里巴巴的那句咒语——“芝麻开门”一样，能够为你打开人生道路上所有的大门，无论走到哪里，它都可以帮助你扫清所有的障碍，它是你和别人沟通心灵的万能护照。

一位哲人曾经说过：“一个人没有礼貌，对于他的人格而言，是很大的一个污点。”由此可见，礼貌是良好修养的一个主要的外在表现，可以给人以风度翩翩的感觉。有礼貌的人，温文儒雅，举止大方，它的表现形式是很随意的——它不会引起别人特别的注意，而是潜移默化地存在于生活的一举一动中，自然、真诚，没有丝毫的矫揉造作。矫揉造作的礼貌态度是没有意义的。爱默生说：“好的体型，胜过美丽的容貌；儒雅的行为，却要胜过婀娜的身段；与身份和地位相比，它会带给你更多的快乐；它是人类最杰出精妙的艺术品。”

礼貌，并不像有些人认为的那样，无足轻重，可有可无。因为它总是在努力地美化你日常的工作，让你可以大方、体面地参加各种社交活动。当我们对一个人进行评价时，往往首先考虑的是他有没有礼貌。礼貌能够给别人留下一个美好的第一印象，这比那些内在的优点甚至是更深层的修养具有更为显著的作用。

此外，礼貌加上恰当的处事方法，会使人拥有不可抗拒的力量。维尔克斯，这位历史上最丑的男士之一，曾经说过：“打动一位女士的芳心，一定要靠自己儒雅的举止。这样，即使是英格兰最英俊的男子，也会在你的面前相形见绌。”

相反，脾气暴躁将毁掉一切。粗暴无礼，会关闭你与别人沟通的大门，封锁你的心灵；而友善和恰到好处的举止，则可以体现出你的礼貌和修养。一个人种种不礼貌的表现，也可以反映出他对别人的冷漠和轻视，比如，不注意自己着装的整洁，不讲卫生，在公共场所不注意自己的言语，或者有各种令人厌恶的生活习惯等。总之，些不修边幅的人，总让人感觉很邋遢，同时也让人失去了与他交流、沟通的兴趣。从某种意义上说，这也是粗鲁、不文明的一种表现。

在一个人走向成功的道路上，礼貌，也就是我们通常所说的亲切诚恳的态度，起着至关重要的作用，然而，却有很多人没有足够地意识到这个问题。他们没有想到，很多情况下，事情的成败，取决于他们给别人留下的第一印象。一个人举止端庄，礼貌谦逊，会给别人留下难忘的印象，也可以促进事业的成功。

真正有礼貌的人，通过对他人的关怀和尊敬，体现出自己的谦逊和大度。要得到他人的尊敬，自己必须首先尊敬别人。即使与自己的见解大相径庭，也要尊敬和虚心地接受他人的意见。生活中，有礼貌的人绝不会轻易打断别人的话，无论对方的谈话是不是合自己的胃口，他都会耐心地聆听。容忍和宽容的良好修养，使他们从来不妄加评论。因为正如我们所知的，对别人不负责任的评论，不可避免地会给自己带来同样的恶果。

有人曾这样评价悉德尼·史密斯先生：“他是一位勇敢而极富爱心的绅士，仁慈公正的心，使他不论面对一贫如洗的穷人，还是腰缠万贯的富翁，都一样和蔼可亲。他对人的真诚绝非做作，仆人和贵族同样是他尊贵的客人，他会待以同样的谦逊、关怀、乐观和亲切——无论身在何方，他都会把最美好的祝福留给那里的人民，同样，人民也会把他们最好的祝福奉献给他。”

哈钦森夫人在回忆录中这样描述了丈夫的彬彬有礼与和蔼可亲：

“不知他是真的如此宽宏大度，还是骨子里根本就没有傲慢的品性，总之，他从不鄙视地位低下的人，更不会去巴结贵族和上层人物。闲暇时间里，他会花上几个小时，同最普通的士兵和最下层的劳工谈心，他亲切的态度从不会使那些人感到窘迫，更不会让他们有被轻视的感觉。他们尊敬他，爱戴他，却又能在与他的交流中，得到释怀和快乐。”

一个人通过对别人幸福的关注，和对他人困苦的帮助，体现出自己真正的谦逊态度。谦逊既存在于仁爱之中，也存在于感激之中，从而可以使你为之做出善良的举动。

此外，我们通常还会有这样一个理解的误区，礼貌应该是一种特有的品德或特点，它属于那些出身高贵，接受过高等教育的人，或是那些经常出入于上层社会的人，而与下层社会的平民百姓没有关系。这是绝对错误的。因为，不论是辛辛苦苦靠双手吃饭的劳动人民，还是高官贵族，都应该既尊重自己，又尊重他人。正是通过他们相互之间的行为——对待彼此的态度或礼貌——才体现出自尊和互敬互爱的精神。纵观人的一生，礼貌优雅的行为会带给你更多的快乐——不论是在工厂里，在街道上，还是在家里，你都可以感受到这一点。即便你仅仅是一个普通的工人，只要有持久的毅力，礼貌的态度和仁慈的心肠，你就会不断地进步，影响力也会越来越大。慢慢的，你身边的人们，同事、朋友都会模仿你的行为方式，这样，你就可以带动他们共同进步。

明智、有修养的人，也许并不比他们身边的人们更聪明，更富有。然而，他们绝对不会夸耀自己的地位、出身或者自己的国家；也从来不会鄙视那些身份地位或出身不如自己的人们。他们从不拿自己的成绩和贡献当作资本，一张口就是无休止的夸夸其谈。相反，无论是言语还是行动，他们都表现出过人的谦逊、真诚和实干精神，他们不会掩饰自己的真实想法，而是通过自己孜孜不倦的实干，来为社会、为国家、为人类做出应有的贡献。

修养身心，荣辱不惊

面对挫折、苦难，是否能保持一份豁达的情怀，是否能保持一种积极向上的人生态度，这需要博大的胸襟，非凡的气度。

在纷纷扰扰的世界上，心灵当似高山不动，不能如流水不安。居住在闹市，在嘈杂的环境之中，不必关闭门窗，任它潮起潮落，风来浪涌，我自悠然如局外之人，没有什么能破坏心中的凝重。身在红尘中，而心早已出世，在白云之上，又何必“入山惟恐不深”呢？关键在于你的心有没有真正的静下来，有没有经受外界“糖衣炮弹”诱惑的能力。

成败、荣辱、福祸、得失，人生不如意者十之八九。如果你感到痛苦，证明你的心还不曾麻木。其实，生命本身就是一种幸福。在逆境中磨练你的意志，不必计较一时的成败得失。“风物长宜放眼量”，去追寻长久的精神底蕴。忍受孤独，在彷徨失意中修养自己的心灵，这就是最大的收获。如同蚌之含砂，在痛苦中孕育着璀璨的明珠。

人生的烦恼来自于非分的欲望，种种诱惑使你的心灵蒙尘。淡泊名利，宁静致远，既不抱怨贫贱又不仇视富贵。面对世俗，不随波逐流；面对权贵，如雪峰坚守自己的高洁。这是勇敢，也是骨气，一切都出自本心。

心灵是智慧之根，要用知识去浇灌。胸中贮书万卷，不必人前卖弄。“人不知而不愠，不亦君子乎？”让知识真正成为心灵的一部分，成为内在涵养，成为包藏宇宙，吞吐天地的大气魄。只有这样，才能运筹帷幄之中，决胜千里之外，才能有指挥若定的挥挥洒洒。如范仲淹“胸中自有十万甲兵”，如诸葛亮悠然抚琴退强兵。

马谡失街亭后，司马懿大军兵临城下，蜀国处于危急关头。困守孤城的诸葛亮，身边已无强兵猛将，只有一些老弱残兵及手无缚鸡之力的文官。当司马懿率虎狼之师蜂拥而至，兵临城下，诸葛亮却临危不乱，处变不惊，演绎出了响彻历史的“空城计”。当时，诸葛亮坐在城楼上焚香抚琴，让军士撤去城头旗帜，打开大门。司马昭建议应该攻进城去，司马懿却说：“亮平生谨慎，不曾弄险，今大开城门必有埋伏，我兵若进，中其计也。”于是下令退兵。等司马懿觉察过来，赶回城中，早已不见诸葛亮的踪影。

运筹于帷幄之中，决胜于千里之外，全在于一个人是否具有良好的学识修养。诸葛亮在以往历次大大小小的战役中，可谓神机妙算，百战百胜，生性多疑的司马懿，吃了诸葛亮不少亏，畏之如虎。又见诸葛亮命人大开城门，端坐城头，鹤氅纶巾，仙风道骨，焚香抚琴，笑容可掬，固然仓惶失色，忙令撤退，才使得诸葛亮化险为夷，逃过此劫。强兵压境，或全力拒之，或一走了之，这是常见的思维策略。可是，诸葛亮面对这突如其来的新情况，认为这两种方法都不可行，无论哪种方法，都只能兵败被擒。于是，他打破常规，既不走，也不拒，装出若无其事的样子，高台端坐，抚琴自乐，以一座空城吓退了司马大军。这固然也需要良好的心理素质，否则便不会有强兵压境的镇定自若。心灵的镇定自若意味着一种经历世事沧桑之后的成熟，以及对于事物规律不同寻常的掌控。无论是狂风暴雨还是艳阳高照，无论是沧桑巨变还是命运逆转，一切都没有关系。这样的人生永远安静、沉着，临危不乱，处变不惊，是心灵修养的重要一课。

人类的文明修养并不是与生俱来的，而是要靠后天不断完善的，我们可以从以下方面做起：

首先，多读书，读好书。高尔基说过：“书籍是人类进步的阶梯。”要完善个人修养，首先要致力于读书求学。多读书，就会增长知识，开阔视野。培根曾经说过：“史鉴使人明智，诗歌使人巧慧，数学使人精细，博物使人深沉，伦理之学使人庄重。”这诸多意思，可一言以蔽之，即读书有益。如果我们不多读书，哪来的这么多知识呢？如果没有了知识，我们怎样去辨别是非呢？书是历史经验的总结，书是社会文化的结晶。读书，可以彻悟人生道理；读书，可以洞晓世事沧桑；读书，可以广济天下民众。

总之，书籍能够充实人的头脑，使人们对事物从感性认识上升为理性认识，然后彻底认识世界，改变世界，促进人类的进步。人的认识就是在书籍文化中不断深化、扩展、向前推移的。但是，现代人知行脱节的现象比较普遍，也就是说，很多很多道德规范、人生哲理，我们是懂得的，但是却难以付诸实践。因此，要想成为一个有修养的人，一定要做到“知行合一”。

其次，注重自我磨练。荀子说：“积土成山，风雨兴焉；积水成渊，蛟龙生焉；积善成德，而神明自行，圣心备焉。”这也反映出，一个人的修养不是一蹴而就的，而是需要一个不断积累和深化的过程。所谓“自我磨练”就是要通过知识、品行的积累，不断使其巩固、强化，逐渐凝固成优良的品德。这种道德修养方法，实际上就是强调对人的道德意志的磨炼，只有不断加强对自我的磨炼，人才能步入更高的道德境界。

第三，内省、慎独。所谓“内省”，是指自己在内心反省自己的言行，扫除邪恶、伪善的部分，保留真、善、美的部分，并将其发扬光大。“内省”的修养方法，是一种自我锻炼的修养方法，就是用正确的原则和规范去要求自己，不断清洗、克服掉错误的认识。一个人只有在内心严于解剖自己，对一切错误的言行毫不留情地进行自我批评，坚决抛弃时，才有可能成为一个符合时代精神的有修养的人。

总之，个人修养的培养不是一件容易的事，要用一生去琢磨，要用一生去学习和体会，要用一生去感悟和领会，要怀着一颗平常心。这样，在漫漫的人生旅程中，即使是平庸的日子、平常的生活、平凡的人生，只要细细品味，也能品味出那隽永、醇厚的滋味来！

气质源自良好的修养

气质美，属于一种内在美、精神美，是以一个人的文化、知识、思想修养、道德品质为基础的，通过对待生活的态度、情感、行为等直观地表现出来。

气质，似乎是人们熟知而又不易捉摸的概念，大有“只可意会不能言传”的意味。在人际交往中，人们常常用气质来评价对方，如“艳而不俗”、“仪态端庄”、“风韵犹存”等等，实际上这都是由于气质美所带来的风采。一个人持久的、高贵的美莫过于气质美，气质美既是有修养的表现。

人们观察、评价一个人的气质时，往往是“由表及里”，透过对方的眼光、神情、谈吐，才能观察到一个人的气质。常言道“眼睛是心灵的窗户”、“神情是感情的外露”、“谈吐是直抒胸臆的表达”。在现实生活中，气质好的人，的确能给人以美的享受。比如，外貌秀丽、举止端庄、性格温柔的人能给人以恬静的静态气质美；身材魁梧、行动矫健、性格豪爽的人能给人以粗犷的动态气质美；外貌英俊、举止文雅、性格沉稳的人能给人以高洁优雅的气质美。

生活在一个极尽声色的时代里，人们很容易落入表象的陷阱。许多人，往往误以为仅仅靠着刻意的打扮、精心设计的形象、伪装的亲和力、自我吹嘘的权威身份，就可以吸引众人的目光。事实上，往往并不是想象中的那样。真正的魅力是最深刻的撼人力量，往往来自于千锤百炼的实践，是经过多少尝试、多少思考、多少百折不回的历练，方才焕发出来的迷人气息。

真正的气质美，需要时间的陶冶。也就是说，先天的好条件，只有加上后天的修养，尤其是文化知识的修养，才能形成一种独特的气质美。因为，单纯的天生丽质只是一个方面，要想让美得到扩展、升华，具有持久力，必须加上后天的学习努力，才会更美丽。比如，举一个很通俗的例子，在电视剧《还珠格格》里，小燕子只能让人感受到一种自然、单纯的美，她就像一块未经雕琢的玉石；而紫薇的美则是则更具有吸引力，因为她知书达理，优雅大方，她就像一块经过了精雕细琢的美玉，让人产生敬仰之意。比较一下两个格格，在知书达理的紫薇面前，小燕子的美显得幼稚、粗浅，而紫薇的一举一动、一言一行无疑都透露着大家闺秀的淑女风范，这种气质美是未读书、不识字的小燕子可望而不可及的。很显然，小燕子的美是一种赏心悦目的美，而紫薇的美则是让人怦然心动的美，有一种越接触、越能发掘出更多的美的高级美，这种美更具有持久力，也有着更深厚的底蕴、内涵。

因此，我们可以说，良好的修养可使你拥有独特的气质。气质是个人内在修养的外在表现，它通过人的言谈举止表现出来。所以，要培养气质，首先要注重的是内在修养。内在修养的培养，首先需要你加强文化知识的修养，增加智慧。俗话说："活到老，学到老。"无论你是否正值妙龄，只要你精力充沛，就要不断地去学习，扩大阅读面，广泛涉猎文学、艺术、社会与人生等方面的知识，从书籍中汲取营养。其次，你还需要加强思想素质方面的修养，努力克服依赖心理，注意培养自己独立思考、判断与独立处事的能力，并逐步建立自信心，成为一个具有独立性格的人。既要善于学习他人，又不能盲目崇拜与模仿，根据自己实际情况吸取别人的长处，这样既不会凡事依赖又不会人云亦云，也就逐步形成自己独特的气质与个性了。再次，还要注意社会交往方面的修养。比如，礼貌待人，谈吐自然，善解人意，尊重他人但又不失去自我，举止文雅但又不矫揉做作，等等。最后，你还应该着重培养健康的体格与热情开朗的性格。对于任何人来说，旺盛的精力与蓬勃的生机，永远都是最为动人的魅力和修养。

俗话说，“功到自然成。”当你的内在修养达到了一定的火候，你独特的气质与魅力便会通过你的言谈举止很自然地表现出来。当你的外表与内在的智慧和灵性巧妙地融为一体的时候，你就会惊奇地发现，自己是个真正富有气质和魅力的人了。

拿情感来说，男人也会尊敬那些有修养和内涵的女人，并且常常试图和她们接近，保持某种亲密状态并且以此为荣，而且依恋、迷恋于这种关系。如果条件允许，能把这样的女人娶回家，共度一生，将是他们的人生梦想之一。因为，有教养的女人是令人尊敬的，让人愉悦的，使人感到如沐春风；有修养的女人说话有分寸，对人不尖酸、不刻薄，不会为几毛钱讨价还价，不会占小便宜；有修养的女人在公众场合端庄大方，不做作，举止不轻浮，有爱心并善于表达情感，常常赞美、祝福他人，而不是嫉妒他人。相反，如果一个女人总是以自我为中心，毫不考虑对方的立场，甚至根本无视他人的存在，那么，和这样的女人在一起工作或生活，会使人感到索然无味甚至心生厌恶。

总之，富有修养，是气质美的表现形式，它会随着岁月的流逝、心灵的净化而日益显示出它的光华。纯正的气质美来自于个人的修养，不是伪装出来的，而是自然美的体现。

谦逊处世，收敛起自己的锋芒

恃才傲物就是自掘坟墓，所谓“花要半开，酒要半醉”意思是说，当鲜花盛开得娇艳无比的时候，不是立即被人采摘而去，就是衰败、凋零的开端。

我们都知道，“力学之父”牛顿是一位有着多方面成就的伟大科学家，然而他却非常谦逊。对于自己的成功，他说：“如果我比别人看得更远一点，那是因为我站在巨人的肩膀上。”他还对人说：“我只像一个在海滨玩耍的孩子，很高兴地拾着一颗光滑美丽的石子儿，真理的大海还是没有发现。”

古希腊的著名哲学家苏格拉底，才华横溢，广招门生，常可运用一些至理的故事启迪青年人的智慧。每当人们赞叹他学识渊博、智慧超群的时候，他是总谦逊地说：“我唯一知道的就是我自己的无知。”

一个女人的美貌、智慧和财富等等方面的优越性在任何时候都是让人羡慕的，虽说“人生得意须尽欢”，但是在竞争激烈的社会大熔炉中，为人处事，应做一个谦谦淑女，不要飞扬跋扈，锋芒毕露，这样会让你少受很多不必要的伤害。因为，恃才傲物就是自掘坟墓，所谓“花要半开，酒要半醉”意思是说，当鲜花盛开得娇艳无比的时候，不是立即被人采摘而去，就是衰败、凋零的开端。

曾经有个词语叫“作女”，专指那些爱表现、爱抢镜的张扬女孩，职场上她敢于表现，机会前她敢于争取，这样做本来是无可厚非的。但是，这样的女孩属于那种时时能把聚光灯的焦点转移到自己身上的人，锋芒毕露会让人觉得太过张扬，避而远之，甚至失去本来应该属于自己的机会。

若溪在一家广告公司任职不久，部门经理就对她说：“若溪，我随时准备交班。”事实上，若溪也是这么想的，因为经理是自学成才，知识和修养存在“先天不足”。而若溪出身名校，且已有三年的在外资企业工作的经验，独立有主见，工作能力强。但是，由于个性率直，在讨论一些工作问题时，她向来是直来直去，而且总是一味坚持自己的观点，总觉得自己是对的，为此也常与上司发生争执，身边的同事也对她没有好印象，觉得这个人锋芒太露。虽然经理有时对她也有一定的暗示，但她却不以为然。久而久之，经理便渐渐开始疏远她了，这也让她渐渐失去了施展才能的舞台。

若溪的问题出现在哪里？锋芒毕露。即使若溪的能力确实超过了上司，她自己确实是对的，但上司毕竟是上司。在上司眼里，下属永远比他差一截，他才会有成就感。你的能力比上司强，他本来就坐立不安了，如果再与他公开对立，哪怕你是无心的，上司也会忍不住对你施加压力。因此，职场女性一定要适当收敛起自己的锋芒，在表达自己的不同意见时要用对方法才行。下面是几条具体建议：职场女性尤其是初入职场，不可锋芒毕露，凡事虚心，给足老同志面子。即使我们确实比老同志有能力，也应适当处理问题；构建和谐的人际关系，与领导的关系重要，但与同事的关系也不能忽视；保持心态的平和，待人随和，凡事不必太过计较，尤其是对待荣誉、奖金之类的，不可看得太重；成家立业后，不管你的条件有多么好，都不要表现出太强的优越感；业务上一定要“精”，让领导和同事都觉得你确实有能力才行，但也不要骄傲自满。

克制自己，退一步海阔天空

生活中总有些女人为了小事斤斤计较，进而得理不饶人，不仅自己惹一肚子火，还失去了平日关系不错的朋友。为人豁达一点，退后一步，大家都快乐，何乐而不为呢？

人生好比行路，总会遇到道路狭窄的地方。每当此时，最好停下来，让别人先行一步。如果心中常有这种想法，人生就不会有那么多抱怨了。即使终身让步，也不过百步而已，能对人生造成多大影响呢？你经常让人一步，别人心存感激，也会让你一步，一条小路对你来说也是坦坦通道。你事事不肯让人，别人心怀怨恨，就会设法阻碍你，损伤你，即使一条大路，对你也充满险阻。人与人之间往往是心与心的交往，诚心换来的是真情，坏心换来的是歹意。

刘丽是位自尊心很强的女孩，但她却跟几位“没规矩”的人做了同事。这些人举止随便，嘻嘻哈哈，刘丽很看不惯他们的行为。

一次，天正下着雨，一位女同事想出去办点事，拎起刘丽的伞就走。

刘丽心想：“怎么招呼也不打就拿人家的东西，太欺负人了！”她勉强忍住气说：“你好像拿错了伞吧？”女同事大大咧咧地回答：“我忘了带伞，只好借你的用一下。”“你好像没跟我说‘借’字。”“哎哟，还用得着说‘借’字吗？我的东西还不是谁爱用就用？”刘丽冷冷地说：“借我的东西就得说‘借’，我不同意，谁也不准拿！”没想到，这件小事使刘丽的处境发生了很大的改变，那几位同事再也不愿意理她，不知情的领导经常提醒她注意搞好同事关系，根本不听她的解释。刘丽常常愤愤不平地想：“我只不过是为了维护自己的权利，难道这也错了吗？”

在工作和生活中，我们随时都会遇到一些人，他们说了对不起自己的话或做了对不起自己的事。这时，我们应当怎么办呢，是针锋相对，以怨报怨，还是宽容为怀，原谅别人？

有时候，本无存心伤人之意，却可能因为一句无意的话伤害别人，甚至可能为自己树立一个敌人。有心计的女人说话一定要谨慎小心，不要因为一句话而给自己引来祸患。

无论如何，幸福不是天上掉下来的，它是靠一个人用心积累的。该让步的时候就让一步，退一步海阔天空。但是，如果遇到必须取胜，无法让步的事，又该怎么做呢？那也要给别人留一点余地，比如与人争辩，以严密的辩论将对方驳倒固然令人高兴，但也没必要将对方批驳得体无完肤。这样做不但对自己毫无好处，甚至会自食其果，遭到对方的反击。当你和他人发生摩擦时，首先要了解他的想法，然后在顾及对方颜面的前提之下，陈述自己的意见，给对方留有余地。这一点在处理人际关系时非常重要，对女人来说价值就更高了。

生活中，谁都会遇到不顺心的事，在这种情况下，不能爆竹脾气一点就着，更不能针尖儿对麦芒，你倔他更犟。如果这时候我们能有意识地让自己冷静下来，能忍让时就忍让一下，我们的人生也会得到升华，心情也会随之愉悦起来。

忍让是良好修养的体现

忍让并不是协，更不是屈服和投降。它是一种策略，它是一种非常务实、通权达变的处世智慧。

生活中离不开忍，英雄等待出头之日，需要忍；被别人羞辱，也要忍；甚至连夫妻生活也需要忍。忍中具有道德、品质，忍中具有真善美。可以说，忍是一个人生存的第一能力，能屈能伸方为大丈夫本色！生活中，我们都需要忍，都要学会忍。

那么，怎样去忍呢？答案就是学会弯曲的做人艺术。山路十八弯，水路十八盘，人生之路也必定充满了荆棘坎坷，这就决定了我们在人生旅途上不仅要有挑战困难的决心，更应具有一颗学会弯曲的心。

有一对婚姻正濒于破裂边缘的夫妇，他为了重新找回昔日的爱情，打算做一次浪漫之旅。如果能找回就继续生活，如果不能就友好地分手，各奔东西。

第三天，他们来到一条山谷，这是一条东西走向的山谷。山谷很平常，没什么特别之处，唯一能引人注意的是，它的南坡长满松、柏等树，而北坡只有雪松。

这时，忽然天上下起了大雪。由于不能前行了，他们就支起了帐篷，欣赏着纷纷扬扬的雪景。他们发现北坡的雪总比南坡的雪来得大，来得密。不一会儿，雪松上就落了厚厚的一层雪，不过当雪积到一定的程度，雪松那富有弹性的枝就会向下弯曲，直到雪从枝上滑落。这样反复地积，反复地弯，反复地落，雪松完好无损。可其他的树，因没有这个本领，树枝被压断了。南坡由于雪小，总有些树挺了过来，所以南坡除了雪松，还有柏树等树木。

帐篷中的妻子发现这一景观，对丈夫说："北坡肯定也长过杂树，只是不会弯曲才被大雪压毁了。"

丈夫点头同意。过了片刻，两人像是突然明白了什么似的，相互拥抱在一起。

丈夫兴奋地说："我们发现了一个秘密——对于外界的压力要尽可能地去承受，在承受不了的时候，学会弯曲一下，像雪松一样让一步，这样就不会被压垮。"

是啊，大自然中的树都是如此，何况人类呢？弯曲中蕴涵着丰富的哲理，它并不是倒下和毁灭，而是顺应和忍耐。生活中，适当的弯曲就是忍耐的艺术。做人能懂得弯曲并敢于弯曲，是一种本领，更是一种境界。生活中糊涂一些，懂得弯曲，也不失为大丈夫。这种弯曲不是见风使舵，不是奴颜婢膝，不是昧上欺下，相反，它是另一种意义的人格和超脱。

在现实中，有多少的口角、争斗与矛盾是出于失于忍而造成呢？诸如我踩你一脚，你回我一眼，而且出言不逊，接着双方就怒目相对，仿佛是不共戴天的仇敌；或是在排队时争相推抢，一有得失，便恶言恶语，甚至于当众出手……诸如此类的生活琐事，不胜枚举。其实这些小事，只要稍稍忍耐一下，便会烟消云散，天地清明。这道理甚为简单。

在一辆正在行驶的公共汽车上，一个打扮入时男青年往地上很随意地吐了一口痰，他这个小动作正好被售票员看到了。售票员走了过来，对他说："同志，为了保持车内的清洁卫生，请您不要随地吐痰。"

谁知，那名男青年听后非但没有道歉和悔过，反而对售票员破口大骂，并且边骂边又往地上狠狠地连吐了三口。那位售票员是个年轻的姑娘，此时已被气得面色通红，眼泪也在眼圈里打转。这时，有几名车上的乘客议论纷纷，有的指责男青年不讲道德，为售票员抱不平；也有些侍客帮着那个男青年起哄的；还有挤过来看热闹的。大家都在关心事态会如何发展，有人悄悄告诉司机把车开到公安局去，免得一会儿在车上打起来。没想到那位女售票员定了定神，平静地对大伙说："没什么事，请大家回座位坐好，以免摔倒。"一边说着，一边从衣袋里拿出纸巾，弯腰将地上的痰迹擦掉，并将纸巾扔到了垃圾箱里，然后她若无其事地继续卖票。

售票员的这个举动让大家愣住了。车上顿时变得鸦雀无声，那位男青年的舌头突然短了半截，脸色一阵红一阵白，明显感觉不自然起来。车到站后还没停稳，他就急忙跳下车去，下车后，他回头对售票员喊了一声："大姐！我服你了。"这时，车上的人都笑了，七嘴八舌地夸奖这位售票员不简单，真能忍，虽然骂不还口，却将那个浑小子制服了。

这位女售票员在面对男青年的辱骂时，她选择了沉默、忍耐，从而防止了事态的扩大；如果反之，售票员反击那位男青年并与之对骂，不但不利于问题的解决，还会损害自己的形象。事后，她请大家回座位坐好，既对大伙儿表示了关心，又淡化了眼前这件事，缓解了紧张的空气，可见这名售票员比较有大局观。随后她弯腰若无其事地将痰迹擦掉，此时无声胜有声，比任何语言表达的道理都有说服力，不仅教育了那名男青年，也以身作则，感染了大家。

在日常生活中，我们也难免会碰到一些蛮不讲理的人，有些心存恶意的人，甚至还会无缘无故地遭到这种人的欺侮和辱骂。每当遇到这样的事，常会让人觉得忍无可忍，甚至大打出手。可那样的话，就正好成了对方的出气筒，然后对攻一番，殊不知，这会给自己带来不必要的麻烦。这正如一首诗说的那样：忍字头上一把刀，遇事不忍祸必招；如能忍住心中气，过后方知忍字高。所以，从今天起，当我们遇到不顺心的事情时，不妨放下心中的怒火，学学克制自己的不良情绪吧！

心胸开阔人生道路更宽阔

“世界上最宽阔的是海洋，比海洋宽阔的是天空，比天空宽阔的是人的胸怀”。——雨果

中国自古以来就是礼仪之邦，谦和、礼让更是中华民族的美德。当你在狭窄的路上行走时，要给别人留一点余地；羊肠小道两个人互相通过时，如果争先恐后，各不相让，那么两个人都有坠入深谷的危险，在这种情况下先停住脚步让对方先过去，不仅是种礼貌，更是安全的体现。

当你遇到美味可口的佳肴时，要留出三分让给别人吃，这样才是一种美德。路留一步，味留三分，是提倡一种谨慎的利世济人的方式。在生活中，除了原则问题须坚持外，对小事互相谦让会使个人的身心保持愉快。

清代康熙年间，在那时人称“张宰相”的张英与一个姓叶的侍郎，两家毗邻而居，叶家重建府第，将两家公共的弄墙拆去并侵占三尺，张家自然不服，引起争端。张家立即发鸡毛信给京城的张英，要求他出面干预，张英却作诗一首：“千里家书只为墙，再让三尺又何妨？万里长城今犹在，不见当年秦始皇。”张老夫人看见诗即命退后三尺筑墙，而叶家深表敬意，也退后三尺。这样两家之间即由从前三尺巷形成了六尺巷，被百姓传为佳话。

所谓谦让的美德绝非是一味的让步，不要忘记精确的计算：即使终身的让步，也不过百步而已。也就是说，凡事让步表面上看来是吃亏，但事实上由此获得的收益要比你失去的还要多。这正是一种成熟的、以退为进的明智做法。

事物的发展都是相对的，谦让很多时候都是发生在竞争的情形之中，由于谦和礼让的出现而使矛盾完全化解，更免去了一次不必要的争斗，对手变手足，仇人变兄弟。因此，让人是避免斗争的极好方法，对自身也具有一定价值。

得理不让人，让对方走投无路，有可能激起对方“求生”的意志，而既然是“求生”，就有可能是“不择手段”，这对你自己将造成伤害，好比老鼠关在房间内，不让其逃出，老鼠为了求生，会咬坏你家中的器物。放它一条生路，它“逃命”要紧，便不会对你的利益造成破坏。对方“无理”，自知理亏，你在“理”字已明之下，放他一条生路，他会心存感激，来日自当图报。就算不会如此，也不太可能再度与你为敌。这就是人性。

当你一味争抢的时候，不仅伤害了对方，也有可能连带地伤了他的家人，甚至毁了对方一生的幸福，这未免有失做人的德性。得理让人，不仅是一种积蓄，更是一种财富。

世界很大也很小，要知道地球是圆的，山不转水转，后会有期的事情常有发生。你今天得理不让人，哪知他日你们二人又会狭路相逢。若那时他处于优势，而你处于劣势，你就有可能吃亏！“得理让人”，这也是为自己以后做人留条后路啊！正所谓“人情翻覆似波澜”。今日的朋友，也许将成为明日的仇敌；而今天的对手，也可能成为明天的朋友。世事一如崎岖道路，困难重重，因此走不过的地方不妨退一步，忍一时风平浪静，退一步海阔天空。让对方先过，哪怕是宽阔的道路也要留给别人足够的空间。你会发现，既是为他人着想，又能为自己留条后路。

“径路窄处，留一步与人行；滋味浓时，减三分让人尝。此是涉世一极安乐法。”这句话旨在说明谦让的美德。在道路狭窄之处，应该停下来让别人先行一步。只要心中经常有这种想法，那么人生就会快乐安祥。

做一个有气度的女人

孤芳自赏的女人是可贵而又俗气的：女人的世界太大了，随便哪一片丛林都藏有让人垂涎三尺的鲜花，却容不得其中一个小小的苞蕾去傲然耸立。而有涵养的女人是有气度的，她不会抬起高傲的头，只会递温暖的手。

谦虚是一个人气度的表现。王朔的《我看金庸》一文是对金庸小说的第一篇猛烈攻击的文章，但金庸对此没有拍案而起，也没有竭力争辩，更没有反唇相讥，他只是心平气和地说："王朔先生的批评，或许要求得太多了些，是我能力所做不到的，限于才力，那是无可奈何的了。'四大俗'之称，闻之深感惭愧。香港歌星四大天王、成龙先生、琼瑶女士，我都认识，不意居然与之并列。不称之为'四大寇'或'四大毒'，王朔先生已是笔下留情了。我与王朔先生从未见过面，将来如到北京呆一段的时候，希望能通过朋友介绍而和他相认识。"

不指责对方的言过其实，反承认自己才力有限；不责怪对方用语刻薄，反称赞对方"笔下留情"，且向对方伸出热情之手，希望与对方交朋友。在这里，金庸不仅做到了以诚待人，也做到了以礼待人，更做到了以心暖人。金庸此番话犹如播种分币却收获了大额钞票——王朔闻听此言大受感动，坦言："比起金庸来，确让我惭愧。"

大多数女人都不谦虚，很大程度上是源于孤芳自赏。不要以为只有漂亮的女人才会孤芳自赏，女人们都不能免俗。正如男人大都不满足自己的财富，却极易欣赏自己的聪明。稍有点聪明的女人，虽不着力地显露自己，却对别人的所作所为和喜欢爱好漠然置之，其表现是不屑谈交际对象关心的话题。如此一来，久而久之，女人的眼睛自然是只向上看了。

谦虚要求我们对别人的意见表示尊重。千万别说："你错了。"

谦虚的女人总是尊重别人的想法、别人的意见，当她们的提议与别人发生冲突时，她们能够平心静气地倾听别人的想法。谦虚的人说："我遇见的每一个人，或多或少是我的老师，因为我从他们身上学到了东西。"

有一个朋友，她是一位中学教师，在教学过程中，她总是以谦虚的态度听取每一位学生的发言，她总是对学生说教学相长，你们教会了我许多东西。当学生犯了错误时，不管这些错误有多么幼稚，她从不疾言厉色地批评他们，而是若无其事、不知不觉地将问题提出来。我问她为什么能够做到这样，她说："伽利略曾经说过：'你不能教人什么，你只能帮助他们去发现。'"我的这位朋友其实是一个很聪明的人，她高明地不让自己的聪明外露，这是谦虚的一种境界。她的谦虚让学生发现了自身的价值，并且学生们因此更加爱戴她。

人人都有值得我们尊重的地方，我们并不比别人高明多少，因此我们没有什么好骄傲的。有一颗谦虚的心，这不仅是女人，也是我们每个人的最基本的一种素养，它能让我们发现生活是如此的奇妙，人们是如此的了不起！

不要吝啬你的赞美

女人都希望人家说她漂亮，而男人都希望人家说他潇洒。在潜意识里，我们每个人都渴望别人的赞美。由此及彼，别人也渴望我们的赞美。所以，学会赞美别人会让你的交际无往不利，成为你攻克社交难关的法宝。

谁都喜欢听好听的，人的天性如此。西方心理学中有一种说法叫做"真诚的肯定"，大概的意思就是用赞美、热情及真挚的字句向你的朋友

说你真的相信。

只要你适时而确切地发出了真诚的肯定，你就会得到接受你肯定的人的直接、友好的回馈。

赞美绝不是虚伪，但一定要真诚。朋友把事情搞砸了，你却“不失时机”地赞美道：“你做得真好，我还做不到那个样子呢。”这个时候，你的朋友会有被赞美的美妙感觉吗？

赞美是一件好事，但绝不是一件易事。赞美如果不审时度势，不掌握一定的赞美技巧，即使你是真诚的，也会变好事为坏事。

所以，我们一定要掌握下面六个技巧。

1. 因人而异

人的素质有高有低，年龄有大有小。因人而异，突出个性，有特点的赞美比一般的赞美能收到更好的效果。

比如老年人总希望别人记得他当年的雄风。所以和他们交谈的时候，可以多称赞他引为自豪的过去；对年轻人不妨语气稍为夸张地赞扬他的创造才能和开拓精神，并举出几个例子证明他的确前途无量；对于经商的人，可以称赞他头脑灵活，生财有道；对于有地位的干部，可称赞他为国为民，廉洁清正；对于知识分子，可称赞他知识渊博、宁静淡泊……当然这一切要依据事实，不要夸大其词，让人觉得你很虚伪，而产生反感。

2. 有理有据

在日常生活中，成绩卓著的人并不多见。所以，交往中应从具体的事件入手，善于发现别人哪怕是微小的长处，并不失时机地予以赞美。赞美用语越具体，越说明你对他长处的了解和看重。让对方感到你的真挚、亲切和可信时，你们之间的人际距离就会越来越近。如果你只是含糊其辞地赞美对方，说一些“你工作得非常出色”或者“你是一位卓越的领导”等空泛飘浮的话语，就会让对方产生反感，认为你是个溜须拍马、别有用心的人，甚至对你产生怀疑，更别提会信任你了。

3. 情真意切

赞美要发自内心，只有有真情实感的话语，才不会给人虚假和牵强的感觉。有真情实感的赞美既能体现人际交往中的互动关系，又能表达出自己内心的美好感受，对方也能够由衷地感受到你对他真诚的关怀。

虽然人都喜欢听赞美的话，但不是任何赞美都能使对方高兴。所以能引起对方好感的只能是那些基于事实、发自内心的赞美。相反，如果没有根据，虚情假意地赞美别人，会让人感到莫名其妙，更会觉得你油嘴滑舌、诡诈虚伪。例如，当你见到一位相貌平平的先生，却偏要对他说：“你真太帅了。”对方就会认为你说的是违心话，从而对你的第一印象大打折扣。

但如果从他的服饰、谈吐、举止等方面出众之处真诚地赞美，他就会高兴地接受，并对你产生好感。

4. 合乎时宜

注意观察对方的状态是很重要的一个环节，如果对方恰逢情绪特别低落，或者有不顺心的事情，你的赞美往往让对方觉得不真实，所以一定要注重对方的感受。

赞美的效果在于相机行事、适可而止。比如当别人计划做一件有意义的事时，开头的赞扬能激励他下决心做出成绩，中间的赞扬有益于对方再接再厉，结尾的赞扬则是对其成绩的肯定，对其进一步的努力予以支持，从而达到“赞扬一个，激励一批”的效果。

5. 雪中送炭

俗话说：“患难见真情。”最需要赞美的不是那些早已功成名就的人，而是那些因某种原因被埋没而产生自卑感或身处逆境的人。他们平时很难听到一句赞美的话语，一旦被你当众真诚地赞美，便有可能振作精神，大展宏图。所以，最有实效的赞美是雪中送炭，而不是锦上添花。

6. 对事不对人

真诚赞美绝不是阿谀奉承。如果你的赞美毫无根据，只是说“你真是太好啦”或者“我对你佩服得如滔滔江水连绵不绝”之类的话，恐怕没有什么人会认为你真的是对他们充满了善意吧！所以，一定要赞美事情本身，不要以人为对象，这样你的赞美才可以避免尴尬、混淆或者偏袒的情况发生。

凭你自己的感觉去发现别人的感受。要相信自己对周围一切的感觉，把它与赞美融合在一起。如果我们既了解自己的内心世界，又经常去赞美别人，相信我们的人际关系会越来越好。

另外，赞美并不一定仅局限于一些固定的词语，见人就说好。有时候，可以借助于身体语言，比如投以赞许的目光、做一个夸奖的手势或送一个友好的微笑，都能收到很好的效果。千万不要吝惜你的赞美，你会发现，自己也在真诚的赞美中受益匪浅哦。

第五章 秀出气质：内外兼修，让优雅如花绽放

岁月会在脸上留下痕迹，容颜会衰老，而温柔、善良、智慧的本性却不会随着时间的流逝而改变，只会增添个性的魅力。与其做一个漂亮空洞的花瓶，不如培养自己的内在气质，让你由内而外散发永久的迷人魅力。

内在美是永远不败的花

尽管岁月会在女人的脸上刻下一道道皱纹；同时，它也会使女人成熟，别具风韵。最终令一个女人闪耀的还是她的思想，而不是她的容貌，有思想的女人才是一朵常开不败的花。

在生活中每个女人都可能有过这样的想法：假如能青春长驻该多好！我们当然可以利用一些现代化的技术和设备来延缓衰老，也许有一天真的可以像电影中的女主角一样长生不老，永远年轻漂亮，但这只是我们的容颜，而不是我们的思想。

有一个国王在临终之际，把两个儿子叫到跟前，对他们说："我想要一朵世上永恒不败的花，你们俩谁先找到这种花，谁就可以做国王。"于是两位王子跋山涉水地去寻找国王心中的花。走过无数个地方，问过无数个园丁，都找不到这样的花，因为世上所有的花朵都不可能常开不败，有花开就必然有花落。

两个王子当然不能空手而归，他们各自带了自己找到的花朵回到了宫中。大王子带回来的是一朵普通的花，他很骄傲地把自己从园丁那儿学来的温室技术向国王展示，用保持花开所需要的温度的方法，让花一直处于开花期。国王看了之后，不发一言。小王子则拿出一个小小的玻璃瓶，里面是他已经碾成粉末的花。

他对国王说，开放的花朵虽然美丽，却总有一定的期限，只有花的香味才能让人回味无穷。所以，无色无形的花才是永开不败的花。国王听了小王子的话，终于露出了笑容，当然，小王子顺理成章地继承了王位。

很多时候，外表的美丑并不代表一切。长得美虽然可以给人留下深刻的第一印象，但是如果一个人仅有美貌，却脑袋空空，别人在和她经过一段时日的交往之后就会觉得无趣。而有些女性虽然并非美女，但却非常吸引男性，因为她们谈吐优雅、举止端庄，具有敏锐的观察力、良好的人际关系，温柔、体贴等等，这些魅力与容貌无关，但产生的影响却远胜于美丽的外表。

尽管岁月会在女人的脸上刻下一道道皱纹；同时，它也会使女人成熟，别具风韵。最终令一个女人闪耀的还是她的思想，而不是她的容貌，有思想的女人才是一朵常开不败的花。花艳固然好，花香更让人回味无穷。那些伟大的女科学家、女文学家、女政治家，她们并没有花容月貌，同样受到世人景仰，因为她们思想的利剑、智慧的光芒在提升自己的同时也普照了别人。外貌毕竟是外包装，当被岁月剥蚀后，显露出的学识、修养、能力、道德观、人生观才是真正的自我、真正的内涵，也是得到人们尊重的必要条件。

国际名模姜培琳从原本一个学运动心理学的幼儿园老师到成为世界知名模特，仅用了短短三年的时间。在1999年至2001年中她分别获得了1999年上海国际模特大赛亚军和2000年中国十大名模排名第一的荣誉，继2001年后，她再接再厉，荣获2002年中国国际时装周最佳职业模特冠军。

谈到自己的这一系列荣誉，她并没有否定机遇和美貌的作用，“但是，这并不是全部。在模特圈拥有美貌的人太多了，而且现在评价美的标准也不一样。我的成绩一半是因为我认真”。但令姜培琳最开心的并不是这些成就，而是能够顺利地考上北京师范大学心理学的研究生，继续学习。用媒体的话说：“学习使她受益匪浅，正是因为内心的充实，才会让姜培琳看起来具有另一种耀眼的光彩。”

在现实生活中，有相当数量的人只注意穿着打扮，并不怎么注意自己的气质是否给人以愉悦的感受。诚然，美丽的容貌、时髦的服饰、精心的打扮，都能给人以美感。但是这种外表的美总是肤浅而短暂的，如同天上的流云，转瞬即逝。而气质给人的美感是不受年纪、服饰和打扮局限的。一个人的真正魅力主要在于特有的气质，这种气质对同性和异性都有吸引力。这是一种内在的人格魅力。

知性女子魅力无限

知性女人有理性，也有更多的浪漫气质，春天里的一缕清风，书本上的几个精美词句，都会给她带来满怀的温柔；知性女人经历了一些人生的风雨，因而也懂得包容与期待……

知性一词，原本是德国古典哲学常用的术语。康德说知性是介于感性和理性之间的一种认知能力，我们中国人喜欢把这种认知能力叫做悟性。

知性女人的定位，展现了都市女性应有的形象：有知识，有品位，有属于女性的情怀和美丽。

知性女人可以没有羞花闭月、沉鱼落雁的容貌，但她定有优雅的举止和精致的生活；

知性女人也许没有魔鬼身材、轻盈体态，但她重视健康、珍爱生命；

知性女人兴趣广泛，精力充沛，保留着好奇的童心，在瞬息万变的现代社会中，她总是出现在变化的前沿；

知性女人内在的气质是灵性与弹性的统一。

灵性是心灵的理解力。有灵性的女人天生慧质，善解人意，能领悟事物的真谛。她极其单纯，在单纯中却有一种惊人的深刻。

灵性是女性的智慧，它是和肉体相融合的精神，是荡漾在意识与无意识间的直觉，是包含着深深理念的感性。有灵性的女人以她的那种单纯的深刻令人感到韵味与魅力。

弹性是性格的张力，有弹性的女人，性格柔韧，收放自如。她善于妥协，也善于在妥协中巧妙坚持。她不固执己见，但自有一种主见。

都说男性的特点是力，女性的特点是美。其实，力也是知性女人的特点。区别只在于，男性的力往往表现为刚强，女性的力往往表现为柔韧。弹性就是女性的力，是化作温柔的力量。有弹性的女人既温柔，又洒脱，使人感到轻松和愉悦。

灵性与弹性的结合，表明真正的女性智慧也具有一种大气，而非平庸的小聪明。知性女人是具有大家风范的。

一个真正“知性”的女人，不仅能征服男人，也能征服女人。因为她身上既有人格的魅力，又有女性的吸引力，更有感知的影响力。

知性女人的优雅举止赏心阅目，待人接物落落大方，她用身体语言告诉你，她是一个时尚的，得体的，尊重别人，爱惜自己的优秀白领。她的女性魅力和她的处事能力一样令人刮目相看。

年龄是女人心中的一抹感伤的音节，很直接却又很隐私。然而，总还有其他什么是让我们一见倾心、神采飞扬的原因，也是教男人深深赞美、惊艳不已的那一声终极尾音。

做一个知性女人！那是一种涵养、一种学识、一种花样魅力的象征，由内而外散发出来，时间在她身上只是弹了一个巧妙而圆润的跳音，将她出落得更加可爱。

知性女人能够无视年龄对自己容貌的侵蚀，她像一杯慢慢品味的清茶，散发着感性的魅力。知性女人关注时尚，打扮得体，气质优雅；知性女人内心浪漫，强调个性，对世界充满爱心和好奇；知性女人独立进取，智慧坚强，努力追求自我价值的实现；知性女人还懂得给男人空间，深谙风筝和丝线的力学原理，不动声色地把男人的心拴得更牢。她有清新淡雅的面容，妩媚温婉的回眸，顾盼生辉的举手投足。她亦正亦邪，收放自如，将女人的特质随心所欲地发挥到极致。

知性女人渴望拥有自己的家！那是情感和心灵的港湾，她诗意地栖居，快乐地孤独。知性女人温馨家居的烘托与营造：你看，憨态可掬的宝贝猪、俏皮狗记取了她年少的梦——青梅岁月里美丽邂逅，纯真与张狂失落在池塘边，榕树下；缘份的天空下，烛影摇红着心情故事，一种相思，两处闲愁，却只能在午夜梦回时柔肠百转；湖光山色的化蝶传说让她相信，不管是红玫瑰还是黄玫瑰，愿以自己的完美和可爱、宽容和感恩精心打造家的每个角落，玉碗冰寒，春盘有味；听风沐浴，邀月共赏。享受生活的主张让家居温馨舒适。

幽栖莫笑蜗庐小，有云山、烟水万重。

半世向、丹青看，喜如今，身在画中。

善良是一种永恒的美

一个女人可以不漂亮，可以不温柔，但是却不可以不善良。善良是一种美德，一种天性，一旦女人真正拥有了它，她就会成为天使，一个为人间撒播爱的天使。

曾经有一份杂志组织过一个讨论会，主题是“什么样的女人最让人喜欢”。答案是五花八门，什么都有。

有人说：“我喜欢漂亮的女人。因为漂亮的女人使我赏心悦目，就好像是看到了一处美丽的风景。此外，如果能娶漂亮的女人为妻，在自己内心满足的同时，不也在向世人证明自己的魅力吗？”

有人说：“我喜欢聪敏的女人。因为聪敏的女人能令我心智大开。跟她们在一起可常常使我获益匪浅，感受智慧的魅力。那是一种真正的愉悦。何况，和她们出去办什么事见什么人，起码可得到一种轻松与默契，那岂不也是一种愉悦？”

到底什么样的女人最让人喜欢，大家七嘴八舌，各抒己见，但最终讨论的结果是：善良的女人最让人喜欢。其中有一位参与者的发言赢得了最热烈的掌声。他讲道："比方说我的母亲吧。她已去世好多年了，我自然会常常念起她的。她年轻时的照片我见过，按照一般社会评价标准，应属于比较漂亮的，何况她又是我的母亲，自有彼此的深情在；然而却怪，有一次我偶然发现，我对她的回忆竟主要是她的善良！

在我的记忆中，只要有讨饭的人路过我家门口，我母亲就总是请他们进屋，端来热水请他们洗手洗脸，然后把热热的一碗饭和一盘菜让他们热热地吃下……有一次，一位河南来的女子讨饭到我家，我母亲请她吃饭时和她聊天，得知她死了丈夫又受公婆和小姑子的气才逃了出来，听得两眼潮潮的，随后便让她在我家洗了澡，然后张罗着把我们村上的一个单身汉介绍给她，后因男的不同意才作罢。送那女子走的时候，我母亲还把自己的衣服给了她。

人们常说，善良是一种美德；但在我看来，善良更是一种美丽。就是说，善良使人美丽，女人因善良而更美丽。"

可见，善良是女人最宝贵的品德，女人的这种内在美，是最永恒的美丽。

《巴黎圣母院》中的卡西莫多是世界文学史上一个著名的丑人，但在人们看来，他实在要比那位卫队长和神父美丽得多。人们之所以会有这样的审美感受，显然是因为他的奋不顾身的善良。

至于生活中不断涌现的舍己为人者、无私奉献者乃至慈善家们，他们更是因为善良的品性与行为，而令我们深觉可爱可敬！是他们使我们的生活更美丽，令我们在遭遇困难时得到帮助，并确信阳光是不会消失的，且明天会更加灿烂！

善良是女人最宝贵的品德，一个女人再漂亮，再有才能，再聪明，如果她有一颗邪恶的心，那她最终只能成为一个恶婆。

一个人的生命，只有有助于他人，才能称得上是喜悦与快乐的。

一个女人只有深知给予的道理，她才能有所获取，她的生命才能散发长久的馨香。

有一位哲人问他的学生："对一个人来说，最需要拥有的是什么？"答案很多，哲人都摇头否定，但有一位学生的答案令他露出了笑容，那位同学答道："一颗善心！"哲学家说："在这'善心'二字中，包括了别人所说的一切东西。因为有善心的人，对于自己则能知足常乐，能去做一切于己适宜的事。对于他人，他则是一个良好的伴侣和可亲的朋友。"

一颗善良的心，一种爱人的性情，可以说是一个女人最大的财富。虽然她给予他人以爱、同情和鼓励，然而她本身却并未因为给予而有所减少，反而会由于给予而获得更多。她把爱、同情、善意给人的愈多，她所能收回的爱、同情和善意也就愈多。

有一个女人一生都生活在痛苦中，死了以后，她想搞清这是为什么。于是她来到上帝的面前讨教怎样才能获得快乐。上帝对她说："来，我带你去看一个地方。"他们进入了一个门上写着"地狱"两个字的房间，看到许多人正围着一桌丰盛的食物坐着，他们骨瘦如柴，但眼睛里却充满贪婪和焦急。他们每个人手上都绑着一把勺子，只因为勺子太长，所以食物没法儿送到自己的嘴里。他们的互相争抢，更增加了吃饭的难度。

"来，现在我带你去看另一个地方。"上帝又带她进入了一个门上写着"天堂"的房间。这个房间也有一大群人围着一桌丰盛的食物坐着，他们的勺子跟刚才"地狱"里那群人的一样长。所不同的是，这里的人满脸幸福的微笑，他们又吃又喝，有说有笑。原来他们是互相喂对方吃的。

这个故事揭示了一个深刻的道理：人活在世上要学会分享与给予，养成互爱互助的行为。那群地狱里的吝啬鬼宁愿饿死，也不愿去喂对方，而天堂里的人们却知道"予人玫瑰，手留余香"的道理。

所以，不管一个人的生活多么平凡，所处环境多么困难，都应该掌握这个使自己解脱的精神处方——多想想，怎样才能让别人快乐！让别人快乐，同时你也会得到快乐；否则，带给你的就是误解和愤怒。"如果你握紧一双拳头来见我，"威尔逊总统说，"我想，我可以保证，我的拳头会握得比你的更紧。但是如果你来找我说：'我们坐下，好好商量，看看彼此意见相异的原因是什么。'我们就会发现，彼此的距离并不是想象中的那么大，彼此的分歧并不多，而且看法一致的观点反而居多。你也会发觉，只要我们有彼此沟通的耐心、诚意和愿望，我们的沟通就不成问题。"

让别人快乐，并不是只有大富翁才能做到的事，我们每一个人都可以做到，只要用心去找，努力去做，虽然没有一文钱可以给别人，但是你能比那些慷慨解囊的富翁做更多的善事。

助人就是助己。当一个女人微笑着奉献出自己的善良时，那么这个世界也会对她展露最舒心的微笑。

用微笑展现你的高雅气质

"回眸一笑百媚生，六宫粉黛无颜色"。此言虽然不无诗人的夸张，但它曾让多少女性为之羡慕和神往。

古语有云："回眸一笑百媚生，六宫粉黛无颜色"。其实，哪怕你做不到"百媚生"的效果，但盈盈的笑意也能让你增姿添色。比如，现在的女服务员有一门必修课，就是学会微笑。因为服务员的微笑，能给顾客一种宾至如归的温馨感觉。生活中，女性时刻洋溢着的友好、真挚、楚楚动人的微笑，就能散发出无穷的女人味。再好的化妆品如果没有了微笑这一"精神化妆"妙法，就无法更好地显示出女性的女人味，只有那些具有丰富心灵内涵和较高文化修养的女性发出的笑容，才可以在他人心灵上留下美好印记。

在适当场合，女性的笑非常重要，它能够充分展示女性自身的最佳品位和高雅气质。

曾经有一位著名的公司总裁，在视察工作时，他经常会问下属："你今天对客人微笑了吗？"这个问题，也是我们每个女性朋友要时刻注意的。

这种微笑不能仅让人感觉是一种职业需要，通过你的微笑，要让对方感到一种自然的温馨、关切，这样可以有效地缩短与对方的距离，给对方留下美好的心灵感受，在人际交往中有利于形成融洽的氛围。

另外，还要学会随机应变，在任何场合下，以真诚的微笑来容纳每一个人，可以充分展示出你良好的修养和内涵。微笑可以使强者变得温柔，使困难变得容易，微笑所具有的女人味是人际交往的润滑剂。

因此，我们应该学会巧妙地运用微笑，它是一门学问，又是一门艺术。值得注意的是：微笑一定要发自内心，要自然、美好、真诚。切忌虚假造作的微笑。真诚的微笑会令对方感觉你是他最真挚的朋友，而且你在异性心中的气质会大增，笑得更开心。

快乐的人活得长久。这都说明了欢笑促使自己成功，有着深远的意义。喜、怒、哀、乐、惊、恐、悲是人之常情。一个人如果长期处于愤怒与悲哀之中，不仅有害健康，也会使你的事业遭受挫折。比如，国外有个叫汤姆的人在9岁时因喝滚烫的蛤蜊汤，食道受到了严重的烫伤，完全失去了功能。为了维持生命，医生只好把他的胃拉出腹壁以外11厘米。食物不直接进入

体外的胃中，要把咀嚼过的食物吐人与管子相连的漏斗。因此，汤姆的胃功能反应非常清晰明了。后来，沃尔夫观察他的胃在各种不同的情况下的不同反应发现，当汤姆害怕或发怒时，其胃就泛红，细血管充血，消化液分泌增多，把原来保护胃粘膜的一层层的粘液也“吃掉”了，持续下去时，胃壁的褶皱处便渗出许多的血点。这充分表明，发怒、忧伤等不良情绪对人体健康非常不利。

如果我们能够永远保持豁达乐观的笑容，不仅有益健康，而且也会推进事业的成功。

在生活中，不能没有笑声，笑可以带来催人奋进的情绪，增强了人们的自信心。人们内心深处的乐观情绪和荡漾在脸上的笑容，都展示了对自我能力的充分认识与无比的信赖。斯坦福大学心理学家阿尔伯特·班杜拉曾经说过这样一句话：“人们对其能力的自信心会对其能力的发挥产生巨大的影响。能力不是固定资产，弹性极大，关键是怎样发挥它。”因此，女性要多保持脸上的笑容，以增强自信，从而最大限度地发挥潜能。

在生活中，我们经常羡慕那些成天乐呵呵的人，却又总觉得现实中有太多烦人的事，哪有什么可乐的？其实，关键在于自己的心境和对人对事的态度，如果你消极处世，那么，再好的事也不会使你快乐，你总会找到事物有缺憾的一面。

微笑时要笑不露齿，斯文得体。尤其是在一些不熟悉的场合，当你对他人微微一笑，哪怕是陌生人，那么人与人之间的关系就变得自然。微笑属于淑女，易使人产生好感，拉近距离。

媚笑，也是笑不露齿，但眼睛斜视。这种笑不能随便使用，一般是对丈夫、情人或心爱的人，否则会引起误会或想入非非。但这种笑许多男性愿意接受。

爽朗的笑最能给人以愉快开心的感觉，易获得好感。但不要拍手拍腿，以免显得粗鲁，除非是和一伙非常熟悉的朋友在一起。这种笑是笑出声，有时会笑得前仰后合。但如果是在社交场合中最好不要笑得太过分，否则，会显得轻浮、随意。

瞬间的笑介于微笑和媚笑之间，可以表示附和、同意、赞赏和鼓励等意思。

女性不同的笑具有不同的气质，若能恰当采用各种笑，不仅能表现出自己的教养、风度，同时也可增强自己的气质。

另外，还有“二号微笑”，一般是指舞蹈演员在舞台上表演轻松欢快的舞蹈时要保持的笑容。但要“笑不露齿”，不出声，脸上挂着笑意这种微笑，让人感觉心情轻松愉快。

笑眯眯的人在社交场合，总可以吸引别人的注意，也可使自己及他人心情轻松些，这种微笑带来的气质是无法抵挡的。

有些女性因为怕给脸上带来皱纹，遇到开心的事也不敢笑，其实根本没有必要。香港美容专家陈女士说，她自己就爱笑，而且还要笑得美，这种精神化妆法对增添女性的女人味也是非常重要的。

给自己保鲜也是为爱情保鲜

爱美是女人的天性。一个女人的着装打扮也是一个女人自我格调、自我品味、自我气质和自我追求的外在显示，千万不要在婚姻和琐碎的生活面前迷失了自己。

有很多女人都有一个共同的想法，那就是：结婚了，做妈妈了，没必要再像以前那样打扮自己了；或者家务太多，工作太忙，又不是年轻的小女孩了，素面朝天吧。就像下面案例中这个席太太一样，在繁忙的生活中顾及不上自己的“颜面”问题，把原本的自己迷失在了忙碌的生活当中。

女人，你是有“妻子”的角色，有“妈妈”的角色，甚至有“家庭主妇”的角色，但是，千万不要忘记，你还有一个最重要的身份——女人。这个世界上只存在两种人，男人和女人。而相对于男人来说，女人最显著的特点之一就是“赏心悦目”。一个漂亮的女人是格外受到男人的青睐的，即使是已婚女人也不例外。试想，哪个男人愿意整天面对着一个头发凌乱、身材臃肿、皮肤油亮甚至满面疮斑的“惊人”妻子？即使这个女人再能干、再贤惠，恐怕也难以让自己的丈夫产生一种“秀色可餐”的满足感。

今年刚刚33岁的席太太最近遭遇了一场“婚变风波”，最后虽然是“有惊无险”，但想起来就让她满腹牢骚，气不打一处来。

她的丈夫席先生一直在经营着一家大型的物流公司，30多岁，正是意气风发、如日中天之年，平日里风流倜傥，穿着讲究，香车豪宅，结交名流，经常出入各种成功人士举办的宴会、酒会等。而席太太自从三年前有了儿子开始就辞掉了原本的工作，在家里做起了全职太太。

每天打理家务、照顾孩子是她的全部工作。可这个“工作”做起来并不容易，她每天都忙得不可开交，甚至连做个美容、打扮自己的时间都没有。其实以前席太太也是个时髦、漂亮的姑娘，要不怎么会被眼高于顶的席先生追求了好几年呢！朋友们都开她的玩笑，说她嫁入名门不但没有变成贵夫人，感到成了“黄脸婆”。席太太总是自嘲地笑笑：“没办法，整日深居简出，再加上被孩子所累，人老珠黄了！”可是听了这样的话，她心里自然不舒服，经常对着镜子自顾自怜：“我真的人老珠黄了吗？”

直到有一天，席先生带着她去参加一个宴会。宴会上形形色色的女人自然都打扮得时尚美艳，喝得微醉的席先生难免多看了几眼美女，这可点着了席太太心中压抑已久的火焰。回到家后她指着醉倒在床上的席先生大喊大叫：“你说！你是不是嫌弃我这个‘糟糠之妻’了？宴会上你那眼神都快飞了！”席先生被责问得不耐烦，加上酒劲使然，脱口而出：“是，你是黄脸婆，这日子不过了！”经过了几天的哭闹，最终席先生承认了错误，好不容易才平息了这场风波。不过席太太也已经明白了，自己需要改变。

爱美是女人的天性。一个女人的着装打扮也是一个女人自我格调、自我品位、自我气质和自我追求的外在显示。千万不要让婚姻和琐碎的生活迷失了自己，因为你要面对的不仅仅是婚姻和琐碎的生活，你还在这个社会、这个世界和自己的精神世界里扮演着重要的角色。一般来说，女人在结婚生子之前都是十分在乎自己的容貌、打扮等问题的。但是随着时间和身份的转换，很多女人往往会在潜意识里用"能干"、"贤惠"来替换自己原本在乎的"美丽"、"气质"。而这，其实是得不偿失的。

一个聪明的女人会懂得，做"贤妻"固然重要，但做一个"美妻"也是很有必要的。所以，女人就要对自己好一点。在繁忙的生活工作之余，不要忘记了要时刻保持自己的外在形象。做个美容，换个发型，来个 SPA，你会发现，老公看你的眼神也会随之改变。

学会打理自己的衣橱

卡耐基夫人曾经有一句名言："买得越多，你就越能比较容易地把它们搭配起来，把自己打扮得漂漂亮亮的。"也就是说，每一个女人要想更爱自己，就必须学会丰富自己的衣橱。

聪明人想要了解一些女性的内心，不妨打开她的衣橱瞧一瞧。一个人的衣橱（衣柜或衣箱也一样）储放了一个人的整套行头，表明了她的习惯、趣味、优先考虑的事情和经济状况，甚至还能显示出她的人生观和对异性的态度。作为一个女性，你自己也可以试一试。看看自己的衣橱，有些什么，缺些什么？你的美好愿望和追求是什么？你的服装是否适合你的体型和性格？等等。

先考虑一下这样一个问题，对于你目前的生活方式，你有什么想要改变的吗？是否想改变一下你现在的仪表、外貌？在脑中想象一下你眼下的模样，再决定你希望自己改变成什么模样。当然，要达到自己理想的形象必须得一步一步地走，太激烈的变化会使人感到不舒服。你应该慢慢地更换你衣橱中的内容，并使其丰富起来，需要注意的是，衣橱中的服装应该与你的气质和体型相协调，应该能适应你目前的生活方式，并能包括你经常会遇到的那些场合下所要求的服装。

另外，你不仅需要丰富自己的衣橱，还应定期清理一下自己的衣橱。把近一两年内没有穿过的衣服处理掉——你可以卖给旧货店，或送作救灾物资，也可以改作小孩衣服。即使你的衣橱大得足够容纳这些旧衣服，你也要把这些你这辈子再也不会穿的衣服清理出去。因为，旧衣服的堆塞不但会弄乱你的衣橱，搞乱你的思路，还会使你在购买新衣服犹豫、踟蹰。也就是说，对旧衣服的眷恋常常会影响到你对未来的展望。

还有一种情况需要说明，很多女性尽管在添置服饰上着实花费了不少精力及财力，可到头来仍然摊着手对着衣橱感叹："我没什么可穿的！"要避免上述情况的出现，你必须制定一个服装采购计划，并以此作为指导。首先，你需要把你在新的一年中的打算写下来，斟酌一下什么该优先考虑，哪些则可以缓一缓，并考虑一下你将出席的场合，有没有要参加的婚礼或宴会？南来北往的出差或旅游？出入宾馆的会议等等。

例如，一个刚从学校毕业的女孩，在踏上工作岗位之前，想为自己的衣橱做全新的安排，她首先得决定究竟是保持质朴、天真的学生形象呢，还是脱胎换骨地扮演朝气蓬勃而又精明老练的职业女性。她还得考虑新岗位的环境和工作性质。如果她生性谨慎，则还要考虑一下领导和同事对其服饰的看法。但是，随着她的身份和经济地位的改变，她的衣橱将如生活一般变得更为丰富。

总之，你完全可以尝试运用种种流行的元素打扮自己，但切不可忘记自己脸蛋和身体的实际条件，也要牢记服饰变化是不可阻挡的，这是生活和流行的规律。也正是服饰的变化才使得衣橱更有生气，更富魅力。

买衣服时参照的准则：

现在的很多商场，都会在某些节假日开展一些形式各异的优惠酬宾活动。不过，通常的情况是，我们在大减价时疯狂地买下了一大堆便宜的衣服，但是，回到家中，仔细一看，就开始后悔了，这样那样的问题也就层出不穷了。这样，不仅没有省下钱，反而浪费了钱，而且，心情也会大受影响。

下面我们就来看一看将要为您介绍的卖衣服的准则吧，也许是不错的参考建议呢！

1. 越是在大减价时，我们越要理智一点，免得看到人人抢购的现象，就昏了头，买下不该买的衣服。

2. 在大减价时购买质量好的商品，比如内衣、鞋子、靴子、大衣以及做工精细的薄外套等。

3. 如果你看上了一件单品，但是它又不能和你衣橱里的任何一件衣服相搭配，要忍痛割爱。

4. 如果你已经拥有很多件相类似的衣服，就不要再走近这类物品。

5. 如果你不自觉地走近了你最喜欢的服装，但又不是真正需要再买的话，要努力克制自己。

6. 看到你讨厌的颜色，赶紧离开。

7. 不要因为减肥而买太小的衣服，于身体、心情都无益。

8. 尽量买纯毛的、真丝的和全棉的商品，而不要买混纺的衣服。

9. 买鞋不要超过每季度两双，也不要买了不穿而搁置起来。买了就要尽量穿，因为鞋的样式每个季度都在变。

10. 皮包的样式变化不会太快，每个季度使用一个质量高的新皮包就可以了。

适合自己的才是最好的

衣服多，我们都会满心欢喜，但真正适合自己的并不多。美丽漂亮的衣服总是会吸引我们的目光，但他们并不一定适合你，什么样的衣服好，只有穿在身上适合自己的衣服最好。

相信很多人都会非常喜欢罗兰身着丝质套裙的性感，杰奎琳深藏在太阳眼镜后的典雅，奥黛丽·赫本的一袭黑色连身裙透露出来的优雅。每每走在街头巷尾，看见那些高高瘦瘦的女性一身时尚、靓丽的装扮时，常常会让我们忍不住跟随着她们的节拍，迫切地买来相同或类似的衣饰悉心将自己打扮一番。

女人天生是衣服的奴隶，每个女人都是天使。即使有一副天使面孔，魔鬼身材，也少不了衣服这份流动的美丽。女人爱衣服，就像男人爱权力。有时候，女人爱男人，也如同女人爱衣服。精干的男人是面料与做工考究的品牌时装，是女人衣襟上绣着的一朵花，是长裙边上闪亮的珠子；呆板的男人正如合身的职业装，稳稳当当，大大方方的，本质依然墨守成规，日子久了不免乏味；粗犷的男人如同牛仔衣，他能给你另类感觉的呵护，却给不了你想要的承诺；还有一些你一见钟情买下来却不合适的衣服，正如无缘的情人，你一直在努力改变自己去适合他的尺寸，却始终无法套牢他的心。

事实上，买衣服与寻找爱情有着共通之处，那就是，最好的不一定适合你，适合你的才是最好的。也就是说，你所买、所穿的衣服一定要非常适合你自己，同时与你的年龄、身份、地位一起成长，而不是盲目跟风。从理论上来讲，每个人现实中的自己和期望中的自己都存在一定差距，而期望中自己的理想形象落实到服装上，导致的结果很可能是这件衣服的确很吸引你，它代表了你的审美取向和品位，但却未必十分适合你。所以，一定要学会分辨两者的不同，理性地放弃那些并不适合自己的服装（当然，如果你实在喜欢且经济能力允许的话，也不妨奢侈一把，买回家来独自欣赏或收藏也是件挺美的事）。

另外，当导购小姐向你极力推荐一款衣服时，你应该明白，专卖店精美的橱窗是经过专业人士精心设计的，其目的就是为了营造出一种特别的气氛，突出服装的动人之处。但是，那些穿在模特身上或者陈列在货架上的漂亮衣服不一定适合你，不要在精致的灯光和导购小姐的游说造成的假象中迷失了自己。为了避免被这种购物气氛迷惑，彻底了解自己的肤色、身材、气质等是非常重要的基础课程。

比如，现在的很多女性都热衷于减肥，但这种企图常不能取得圆满的成功。因而，服装的尺寸应该基于你体型的现状，否则，对于确实有些肥胖的人来说，过小的服装反而会使得她们显得更加臃肿；对于大多数其实并不过胖的人来说，这样的服装取向无疑在说明：穿着者对自己的身材不满意。因此，你一定要立足于自己的长处，选择与你的现状相协调的服装，穿出自己的特色。

另外，一个人的肤色和发色也是在买衣服时的重要参照。试穿衣服时，一定要看衣服的颜色是否搭配你的脸色和发色，如果这款衣服的颜色使你的脸色看起来更光亮，整个人都显得神采奕奕，就说明这个颜色很适合你。

人无完人，每个女人无论生成什么样，都应该有自己的审美取向，而要做到这一点，就不能被千变万化的潮流所左右，而应该在自己所欣赏的审美基调中，加入当时的时尚元素，融合形成自己的风格，选择那些最适合自己的服装。

女人味是一种无形的吸引力

外表漂亮的女人不一定有味，有味的女人却一定很有魅力。女人味有一种无形的力量，传达出女人的信息，是智慧，是成熟，是温柔，是修养，没人说得清，却给男人一种神秘幽清、舒心轻松的愉快。

性感让女人更迷人，更有女人味，举手投足间都流露出一股妩媚的风情。男人对性感女人比对漂亮女人更着迷，但性感并不等于女人的身材和卖弄的风骚，女人应该正确认识性感。

性感之所以是性感，在于它能引发一种性的吸引力。性感这回事，放诸于不同的女性身上，自会散发出不同的味道或产生异样的效果，要看其散发的形式是否高明及是否有意境。如朱茵式的性感、周海媚式的性感跟宫雪花式的性感便给人截然不同的观感。

谁说只有美丽、丰满、野性的女人才性感得起？最耐人寻味的性感从来都是超越视觉，成之于内而形之于外，先天之外，亦得靠后天的修炼。有不少女人误把肉感作性感，又或太着急地表现性感，太张扬地搔首弄姿，反而适得其反。现在，越来越多的女性打扮都只为自我感觉良好，只为讨好自己而不单为讨好男人而性感。从前清纯朱茵，在形象上搞点动作后，不也可以变得像只性感小野猫吗？女性刚醒来时的一对惺忪睡眼、喝酒后的微晕与一脸绯红何尝不性感。

看过以下的种种性感新主张，你自会更懂得从内至外、从头到脚去发掘、释放及表达你潜藏着的性感魅力。

总之，想成为男人眼中有女人味的女人不妨从以下几个细节入手：

性感特区戴饰物

女人身上有多个性感特区，如脚踝、耳垂、肩胛、后颈、手臂、锁喉位等，故在脚踝部位戴条小细绳、小脚链，在耳垂吊个大耳环或小耳钉，在手臂上带个臂环或印个小刺青，在锁喉位戴条精巧的项圈或项链，都能令女人的性感指数明显地飙升。

为身上添一点红

配合适宜的黑色固然能添一点神秘的魅力，而适度涂上一点红色，也令人觉得你是一个爱冒险、喜挑战并充满热情的女人。正如一位作家所说，美丽的女人当众涂口红，尤其是涂一口湿润的红色口红，可能顿时画出风情，叫男人看得如痴如醉。

轻轻喷点香水

若你有体味，请不要清除而后快。很奇怪，某种程度的体味往往也是构成叫人觉得性感的男人味或女人味。若你没有香汗或女人味，那亦可挑选一些专为撩起别人幽思而调制的香水。

显露羞态

害羞是女人吸引男人并增加情调的秘密武器，害羞的表情出现得适时而又恰如其分，便成媚态，是一种女性美。如一脸天真的脸上突然泛起红晕的少女，没有哪个小伙子会不动心。但要注意此态不可“使用过度”，否则有淫荡意味，那就走向反面了。

细微动作更易显露魅力

那脉脉含情的目光，那不经意的拨弄长发，那嘴角的嫣然一笑，那风情万种的姿态，那楚楚动人的容貌，这些都胜过了千言万语。

表现脆弱是造成女人味的秘诀

为了满足男性天生喜爱保护女性的欲望，有心计的女人适当表现一下脆弱也是非常必要的。这种脆弱既可表现在生理上一副弱不禁风的模样，也可表现为精神方面的脆弱，如看电影时容易被感动，害怕打雷，收养被人遗弃的小动物等等。

性感女人，男人们追逐的对象

通常我们说一个女人美丽，往往来自两个角度，一是外在的形象美，二是内在的气质美。而性感则是根源于内，却通过外部形象表现出来的一种独特的女性美，性感的女人才是最有女人味的女人。

性感究竟是什么？这不仅是男人的话题也是女人的话题。“性感是一种气质”，有人这样说。以纤瘦为荣的日子成为过去，取而代之的是健康和丰润；温柔贤淑的女人也不再是好女人的唯一标准，个性丰富的女人一样受到宠爱。而且，这是性感中的性感，女人中的女人。

丰腴是美，如今，婀娜的身段和妩媚的秋波把时尚的舞台照得光彩炫目，也让男人看得如痴如醉。这标志着“性文化”的复兴，几十年归隐之后，它又活跃在时尚和文化的前沿，引领时尚潮流的设计师和摄影师捕捉到了时下走红的模特都是曲线玲珑的女孩子，她们所表现出来的美与凯特·摩丝的“骨感”完全不同。当年，凯特·摩丝曲线平平地闯入时装界，并博得了满堂喝彩。现在的设计师们竭力表现的是曲线美，他们设计衣服时在腹部、胸部、臀部等性感部位巧用心思，以突出其性别特征。好莱坞最耀眼的新星们身上我们看到的是20世纪四五十年代丰腴美的回归。她们那充满女性味的身体在多家时尚杂志的封面上频频亮相。

性感这个词很流行也很时髦，我们早已开始大大方方地谈到“性感”，并不是为了隐晦，只是想让这个都市的流行话题更显得国际化些。

摄影师马里恩说：“现在的女人越来越自信，越来越沉着了。我不认为两性关系有太大的变化，但女人的确已从一些偏见所造成的桎梏中解脱出来了，这些偏见是男权社会的产物。”伴随而来的还有人们对女性美的认识。罗兰说：“我承认苗条的女人是十分好看，但为了瘦几分而节食值得吗？饮食混乱会导致各种疾病，我们希望见到的首先是健康的女人，然后才有资格谈美丽。”不可否认的是，健康美是最吸引人的。

姑娘们在做美容手术时不再要求去掉臀部的脂肪了，丰满的臀部让人显得青春娇媚；也没有人再为拥有一双肥腿而苦苦节食，健康匀称的腿才是美丽的；有许多人以前做过腿部脂肪切除手术，现在却要求恢复，丰润的脸色也更受欢迎。

新的审美标准对那些追求时尚的女孩子来说倒是件好事，她们不需要再处心积虑地减肥。以前社会上普遍以瘦为美，丰腴的女人感到一种压力，以至于她们不得不放弃健康，只为拥有瘦削的身材。

如今的性感里加上一点野性，这样更受欢迎，因为她们的性感很符合当今人们的审美口味。社会都很认同这种美，女人也可以主动，也可以狂野，也可以热情，这样的女人反而更具女人味。汉代兴瘦，唐朝慕胖，美的标准是“风水轮流转”。

女人的性感有很多种，浓的、淡的、稚气的、成熟的、青春的、贵族化的、平民化的。女人的性感又很难说得清楚，因为它毕竟是一种感觉和感受，是一种无形的东西。

一个感性的女人，无论是在凝神静思还是侃侃而谈，她的一举手一投足，都是那么细腻和充满感染力。一个很简单的例子，假如你不是个外表充满野性的女人，那么涵养一份内心的野性，也会让别人觉得你充满刺激乃至有份神秘感。而所谓的内心的野性，可以是轻佻不羁、爱冒险、爱尝试新事物、好幻想及随时为了实践梦想而豁得出去。

假使薛宝钗生活在现在，她也不会是活跃在时尚和文化前沿的一个风流女性的。时下，引领时尚潮流的都是曲线玲珑“骨感美人”的女孩子，她们所表现出来的美与女人味或完全不同，她们竭力表现的是外在美。

性感之所以是性感，在于它能引发一种性的吸引力。性感这东西，放诸于不同的女性身上，自会散发出不同的味道或产生异样的效果，真要看其发放的形式是否高明及是否有意境。例如，“看”来性感与本身就性感，引起人性冲动与诱人遐想的性感，媚俗的性感与优雅的性感自然是两个不同的层次。

另外，有不少女性误把肉感作性感，又或太着急地表现性感、太张扬的骚首弄姿，殊不知更高境界及富美感的性感，才是杀人于无形的

“性感在骨子里”。

时至21世纪，越来越多的女性都只为讨好自己而不单为讨好男人而性感。正如今天的女性爱好打扮只为“自我感觉良好”，而不是“为悦己者容”。何况，性感本来就是每种雌性动物都有的天赋条件。女性刚醒来时的一对惺松睡眼、喝酒后的微昏与一脸绯红何尝不性感，而这正是构成美感的元素，故性感有何要压抑之理！

胸部是女性魅力最极至的表现。有丰满胸部的女孩子大多会被称为性感，大多数时候，当我们提到一个性感女子时，就会联想到很漂亮的胸，胸部漂亮的女子总是给人很深刻的印象。用服饰来表现漂亮的胸，可以有很直接的方法，比如“露”和“透”的夜礼服，很时髦的吊带小背心。还有，将外衣的纽扣打开，露出非常性感的内衣，或者将内衣外穿。法国设计师戈蒂埃首创内衣外穿的先河，而他选择的试验对象就是当时极红的性感而又勇敢的摇滚女歌星麦当娜。无论从形象到风格，选麦当娜当这样的先锋者，是最合适不过的。当1988年麦当娜以内衣形象狂舞于五色的摇滚舞台时，她也无可争辩地成为了80年代性感之代表。有人说，敢于内衣外穿的女性，正表达出对自己身材和性感魅力的极高自信。当然，对自己不够满意的女性，肯定不会以“内”示人，扬短避长从来都不是明智之举。

秀出自己的美丽与才华

大多数女人总是默默无闻地努力工作，期待老板有一天会发现她们的成绩，不料到头来加薪、升职都离她远去。新世纪的职场女性，一定要懂得推销自己，积极地向老板展示你的才华，主动争取属于自己的天空。

绝不能被动地等待伯乐前来挖掘你的才华，而应适时、适地地在适合的人面前展露专长，Show 出你自己，让人们认识你，记得你，这样，你才会有成功的机会。否则，恐怕你只有怀着那不为人知的才华，直到齿牙动摇，年华老去，而遗憾地度过一生。

自我推销是一门颇为艰难的课程，对于行动举止的分寸不好拿捏，稍有闪失，便会弄巧成拙，破坏了自己原有的形象。所以，平时不妨多观察那些善于自我推销的人，写下心得随时去演练，自然熟能生巧，成为自我推销的高手。

中国人向来讲究谦虚，对于女人来说，更是提倡含蓄为美。明明自己有十分实力，在嘴上就只剩六七分，可是，一旦对方真的以为你的能力不够，而不愿与你合作，或把重任交付给你时，你的心里又犯嘀咕，不能平衡，觉得别人还不如你，只是靠张嘴皮子功夫罢了。

请重重地甩掉这种心态吧！做人固然不能自大、自傲，但是，也不必靠隐藏实力来表现自己的谦虚，尤其面临关键时刻，攸关事业成功的契机，如果你珍惜自己，就坦诚且积极地为自己争取每一个出人头地的机会吧！

有一次，大导演李翰祥寻找适合演李香兰的演员，白冰冰自我推荐饰演该角色，后来整个事件已经落幕，虽然白冰冰并未获选，不过她积极主动的作为使人印象深刻，也为她赢得许多演出的机会。例如电影《寂寞芳心俱乐部》邀请她当女主角，让她的演艺事业往前跨了一大步。

无独有偶，曾因饰演黄蓉一角而风靡港台及大陆的香港女影星翁美玲，也是从成功推销自己而走上星光大道的。当年，翁美玲勇夺年度港姐之后，便有心走上演艺生涯，但一直苦于没有机会。后来一家影视公司想投拍《射雕英雄传》，并大张旗鼓地物色演员。导演一开始时便有心让翁美玲出演黄蓉一角，但后来见面后，觉得翁美玲的个头太矮小了，便不得不另寻佳人。然而翁美玲并没有因此气馁，就在导演在一外景场地做最后决定的那天，翁美玲乔装改扮出现在现场。只见她手执柳条，衣着褴褛，几个轻灵的武打动作之后便自行表演起来。其神态之可掬，表演之逼真，当场便赢得了导演的青睐，自然获得了这个角色。

为自己争取机会，只是自我推销的第一步，如何以目前的成绩为基础，让成绩成倍上升，这才是自我推销的最高目的。台湾作家琼瑶可说是个深谙此道的高手。

琼瑶的小说唯美浪漫，文辞优美，20世纪五六十年代便已经风靡台湾，每个心中有梦的女孩，几乎都看过琼瑶的爱情小说。

后来，琼瑶将作品搬上银幕，拍成电影，再次把自己推向人群，读者更成倍增长，奠定了琼瑶在文坛的不败地位。

随着观众口味的转变，琼瑶虽然沉寂了一段时间，但是，拥有精准嗅觉的琼瑶，转而把自己的作品带往电视发展，果真又再次掀起一阵“琼瑶旋风”，从前的著作也跟着再度热卖起来，琼瑶的声势更因此得以二十多年来盛而不衰。随着琼瑶的造势活动，她的作品本本畅销兼长卖，为“皇冠”赚进大把大把的银子。

不过，话又说回来，倘若琼瑶的书不是那么震撼人心、曲折动人，即使她再有促销能力，也无法把自己推销给善变的读者。因此，要做自我推销之前，务必先确定自己的实力是否足以应付当前情势，否则，等到实际操作时再来丢人现眼，那可就麻烦了。

此外，你要向谁“show”自己、推销自己？这也是很重要的问题。掌握关键人物，重点下手，这才有用。如果你只是不断地讨好，或在无关紧要的人面前卖弄专才，根本无济于事，徒然浪费时间而已。

当你因为推销得法而达到目标之后，记住，一定要收敛得意之色，“沉默是金”，尽量多做事，少管事，否则，你的身边一定会有一些善妒之士，伺机想扯你的后腿，把你拉下位子来。在你的理想、承诺尚未实现时，还是小心预防这些灾难吧！

第六章
智慧谈吐：让好口才为优雅形象加分

话，人人会说，不过有些人说话大家喜欢听；有些人一开口就让人不忍再闻。差别就在于口才的好坏，好口才对于女人来说很重要，它能为你的优雅形象加分，让你在任何场合畅通无阻。

礼仪是交谈的基础

语言是思想的衣裳，谈吐是行动的羽翼。它可以表现一个人的高雅，也可以表现一个人的粗俗。言谈高雅即行动之稳健；说话轻浮即行动之草率。如果你要接通情感的热线，使交际畅通无阻，就应得体地运用礼貌语、称呼语。

礼貌说话，是待人接物的基本素养，它可以反映出一个人有无良好的家庭教育、个人修养和文化素质。如果说纪律是约束，是要大家共同遵守而维护社会利益的，那么礼貌用语则是自觉的、发自内心的真诚和人格魅力展示。作为现代人，我们必须与他人建立和睦友好的人际关系，彼此互敬互爱，共同为社会发展尽力。

讲礼貌的人，不论何时都显现出一种美的光彩、仪表和风度，表现出明亮的心灵和良好的修养。文明礼貌的语言更是滋润人际关系的雨露，是沟通组织与公众关系的桥梁，是维持交谈者双方良好关系的纽带。没有文明礼貌的语言，很难想象人与人之间能和睦相处，交谈能深入下去。

在一个十字路口，一名打扮高贵的中年女士向身边的交通协管员问道："喂，问一下，怎么到马路对面去啊？"协管员头都没回地说："下回说话带上主语，客气点。"然后顺手一指，"直走，桥下过马路！"这名女性悻悻然离去，协管员也没好气地冲周围的人抱怨。

很简单的一个问路，却因为问路人不懂得使用基本的礼貌用语而造成了双方的不愉快。其实，这位女士只需在问路时加上几个简单的词语，比如，"您好！请问……"，敬称"您"再加上"请"，相信协管员在回答问题时会客气得多。从协管员这方面来说，虽然问路人说话不礼貌，但也不需要动气，更不需要针锋相对。他可以先使用礼貌用语指路，然后再婉转地提醒问路人注意礼节。

其实，任何时候都不要小看了“请”、“您好”、“谢谢”、“对不起”这些简单的礼貌用语，如果能恰当使用，既能在主观上使人感到身心愉快，又能在客观上促进人际关系的和谐发展。

一批应届毕业大学生在实习时被老师带到某部委实验室里参观。在会议室里等待部长的到来时，秘书给大家倒水。同学们表情木然地看着她忙活，其中一名同学还问了句：“有绿茶吗？”轮到小刘时，他轻声地说：“谢谢，大热天的，辛苦您了。”秘书抬头看了他一眼，微笑着回应道：“同学，不客气。”。

部长走进来和大家打招呼后说道：“欢迎同学们到这里来参观，今天我跟大家讲一些相关的情况。我看同学们好像都没带笔记本，这样吧，王秘书，请你去拿一些我们部里印的纪念手册，送给同学们做纪念。”同学们都很随意地用一只手接过了部长用双手递过来的手册，看到这种情况，部长的脸色很难看。当部长走到小刘面前时，他礼貌地站起来，身体微倾，双手接过手册，说了一声“谢谢！”部长眼前一亮，伸手拍了拍小刘的肩膀说：“你叫什么名字？”小刘照实回答。部长微笑地回到自己的座位上。

两个月后，毕业分配表上，小刘的去向里赫然写着该部委的实验室。有几位颇感不满的同学找到辅导员导师：“小刘的学习成绩最多也就算个中等，凭什么选他而没选我们？”导师看了看这几张尚属稚嫩的脸，笑着说：“是人家点名来要的，其实你们的机会是完全一样的，但是除了学习以外，你们需要学习的东西太多了，礼仪修养也是一门课。”

有“礼”之言，真是让人倍感心情畅快，又有意外的收获呀！在实习生活的无意竞聘中，小刘以言语礼节胜出，同时也给其他缺乏起码的礼貌素养的同学敲了一次警钟。礼到人心暖，无礼讨人嫌。文雅、和气的语言，不但沟通了人们的心灵，而且反映出一个人的思想情操和文化修养。

礼貌用语是人与人之间进行沟通与交流的基本原则，它不仅能赢得别人的尊重，还能拉近双方间距离，从而使交流更顺利。所以无论在什么时候，说话都不得无“礼”。在人际交往中，能够正确使用日常生活中用的礼貌用语，有利于营造双方相处的融洽气氛，不仅给予了对方充分的尊重，也表明了自己的修养。

在现代商业活动中也是如此，一件不起眼的小事、一个容易忽略的小问题，如果处理得不好，就有可能“一石激起千层浪”，搞得客户不痛快，也为自己增添不必要的麻烦，多日的努力不仅大打折扣，也失去了做人的面子。一张和蔼可亲的笑脸，一声情真意切的问候、一项细致周到的服务，宛如清新之风扑面而至，让客户倍感心情畅快，对公司的满意度随之提升，同时，也显露出个人不俗的品位。

因此，在交谈时你不妨这样做，取得客户的满意：谈吐文明礼貌，称呼用词恰当，交谈时语义明确、用语贴切、语气谦和。注重用语规范化，针对不同的人群使用不同的语气、语速。交谈过程中不妨多说几句“您好”、“对不起”、“谢谢”，要深信“礼多人不怪”、“一句好话暖人心”等古训。

给语言穿上迷人的外衣

说话是一门艺术，过度的直率有时会让人反感。如果你委婉而又不失真诚地从侧面表达，也不算是委屈你吧，还会让别人觉得很快乐，你也会因此成为受欢迎的人。何乐而不为呢？

那些实话实说的率直的人，有时让人觉得他太过锋芒毕露了。

在特定的场合显示一下自己的锋芒，是很有必要的，但是如果太过，不仅会刺伤别人，也会让自己变得让人讨厌。

有这样一个故事会对我们有所启示：

从前，有一个爱说大实话的人，什么事情他都照实说，所以，他不管到哪儿，总是被人赶走。这样，他变得一贫如洗，无处栖身。最后，他来到一座修道院，指望着能被收容进去，修道院长见过他问明了原因以后，认为应该尊重那些“热爱真理，敢于说实话”的人。于是，把他留在修道院里安顿下来。

修道院里有几头牲畜，已经不中用了，修道院长想把它们卖掉，可是他不敢派手下的什么人到集市去，怕他们把卖牲口的钱私藏腰包。于是，他就叫这个人把两头驴和一头骡子牵到集市上去卖。

这人在买主面前只讲实话，他说：“尾巴断了的这头驴很懒，喜欢躺在稀泥里，有一次，长工们想把它从泥里拽起来，一用劲，拽断了尾巴；这头秃驴特别倔，一步路也不想走，他们就抽它，因为抽得太多，毛都秃了；这头骡子呢，是又老又瘸。如果干得了活儿，修道院长干吗要把它们卖掉啊？”

结果买主们听了这些话就都走了。这些话在集市上一传开，谁也不来买这些牲口了。于是，这人到晚上又把它们赶回了修道院。

院长问是怎么回事，这个人将他在集市上的话说了一遍。修道院长发火了，他对这人说：“朋友，那些把你赶走的人是对的。不应该留你这样的人！我虽然喜欢实话，可是，我却不喜欢那些跟我的腰包作对的实话！所以，老兄，你滚开吧！你爱上哪儿就上哪儿去吧！”

就这样，这人又从修道院里被赶走了。

其实，故事中的人的遭遇并不是偶然的，现实生活中也不乏类似的例子。

舞蹈家邓肯是19世纪最富传奇色彩的女性，热情浪漫外加叛逆的个性，使她成为反对传统婚姻和传统舞蹈的前卫人物。她小时候更是纯真，常坦率得令人发窘。

圣诞节，学校举行庆祝大会，老师一边分糖果、蛋糕，一边说："看啊，小朋友们，圣诞老人替你们带来什么礼物了？"邓肯马上站起来，严肃地说："世界上根本没有圣诞老人。"

老师虽然很生气，但还是压住心中的怒火，改口说："相信圣诞老人的乖女孩才能得到糖果。"

邓肯回答："我才不稀罕糖果。"

老师勃然大怒，处罚邓肯坐到前面的地板上反思。

换一个角度我们便会看到，一个人的行为基本规律都是趋利而避害的。

可以设想，如果某甲对人总是以诚相待，直言不讳，人们因此认定她是一个值得信赖的好人，所以乐于与她深交，并在人前人后夸赞她，她也因此感到快乐和自豪。

也就是说，她的真诚为她赢得了好人缘，但她的直言不讳一定是有环境条件的，如果是这样的情况，比如某甲认为同事小敏的衣服难看，便马上对她说："腿短而粗的人不适合穿这种裙子。"结果，小敏脸一沉，扭头便走，留下某甲发愣。

"你的稿子里错别字很多，以后要仔细些。"或者某甲当着处长的面指点小张说。实话固然是实话，但不久后却隐约有人传言，某甲惯于在上级面前打击别人，抬高自己……

这样的诚实是会让人反感的，所以，要想在人群中受欢迎，一定要把握说话的分寸。

委婉是最有效的表达艺术

直率的性格固然可爱，但在社交场合，过度的直白反而会让人感到尴尬，还不如委婉的表达令人舒心、愉快，而且能收获到出人意料的效果。

漫漫的人生之旅总是充满了坎坷和泥泞，没有谁的一生会一帆风顺。当我们遇到困难和障碍时，要学会冷静对待，并懂得用"此路不通，另辟蹊径”的方式去处理。比如，有些话不能直言，可以婉转地去讲；不知道对方葫芦里卖的什么药，可以投石问路，摸清底细。有时候为了减轻对方敌意，放松警惕，我们还需要给对方点“甜头”尝尝。总之，说话不能总是直来直去的，而是要在适当的时候使用绕弯子、兜圈子的迂回战术。因为，这样的表达方式往往更有效果，更容易达到自己预期的目的。

1998年10月6日，也就是朱镕基总理视察中央电视台的前一天，中央电视台的有关领导给敬一丹下达了一项重要任务：必须想办法得到总理的题词。人人都知道，朱镕基总理任上海市长时，曾给自己规定了“不受礼、不剪彩、不题词”的“三不”原则。所以，对于敬一丹来说，这无疑是一道难题。

第二天，朱总理来到中央电视台。他走进“焦点访谈”节目组演播室，在场的所有人都起立鼓掌，气氛立即热烈起来。朱总理跟大家打招呼相互问好之后，坐到了主持人常坐的位置上，大家簇拥在他的周围，七嘴八舌、争先恐后地与总理交谈起来。

敬一丹感觉这是一个好时机。她抓住这稍纵即逝的机会，大大方方地走到朱总理面前说：“总理，您在百忙之中来到中央电视台，可惜我们还有许多同志却不能亲眼见您一眼，今天演播室里的这些人只是‘焦点访谈’节目组的十分之一。”

总理听了这话，说：“你们有这么多人啊？”

敬一丹接着说：“是的，他们大都在外地为采访而奔波，非常辛苦。他们也非常想来这跟您直接交流。但他们以工作为重，都没能得到这样的机会。您能不能给他们留句话呀？”敬一丹非常婉转又非常诚恳地说出了请总理题词的请求，并把纸和笔恭恭敬敬地递到朱总理面前。

总理看一下敬一丹，笑了，接过纸和笔，欣然命笔，写下“舆论监督，群众喉舌，政府镜鉴，改革尖兵”16个字。总理写完，全场响起一片热烈的掌声。

敬一丹的绕圈子的确运用恰当，可圈可点。请求题词，先把在外“四处奔波”、“非常辛苦”的记者抬出来，在感情和道义上绕好了一个让人不宜也不忍拒绝的“套子”，另外语气委婉，表述又贴切诚恳，结果她终于如愿以偿。可见，走直线走不通的时候，走曲线可能更容易到达目的地。

普鲁士国王威廉二世亲自动手设计了一艘军舰，他在设计书上写道：“这是我积多年研究，经过长期思考和精细工作的结果。”他请国际上著名的一位造船设计师对此设计做出鉴定，过了几周，造船设计师送回其设计稿，并写了如下意见：“陛下，您设计的这艘军舰是一艘威力无比、坚固异常和十分美丽的军舰，称得上空前绝后。它能开出前所未有的高速度，它的武器将是世界上最强大的，它的桅杆将是世界上最高的，它的大炮射程也将是世上最远的。您设计的舰内设备，将使舰长到见习水手的全部人员都会感到舒适无比。你这艘辉煌的战舰，看来只有一个缺点，那就是只要它一下水，就会沉入海底，如同一只铅铸的鸭子船。”

在这里，造船设计师用婉转的语言，先给对方点“甜头”尝尝，避开了实质性的问题，做出了具有弹性的回答，这样既不会引起威廉二世的反感和愤怒，又明确地否定了事情的可行性，可谓一举两得。

在人生之路上，遇到困难障碍是难免的，有的人会停下来抱怨，有的人干脆放弃，有的人会尝试硬碰硬，而聪明的人则会选择绕行，即便没有其他的路，也会冷静地思考对策，从中找出缝隙或穿越的机会，这就是委婉的艺术。

英国思想家培根就说过：“交谈时的含蓄与得体，比口若悬河更可贵。”在言谈中，有驾驭语言功力的人，就会自如地运用多种表达方式，不断探索各种语言风格。有些话，非直言不讳不行。但生活中并非处处都能直，有时还非得含蓄、委婉些，使其表达效果更佳。直道好跑马，曲径可通幽，各有各的妙处，关键在于各得其宜。

巴西的贝利素称“世界球王”，他在绿茵场上的超凡技艺不仅令万千观众心醉，而且常使场上对手叫绝。他不知踢过多少好球，当他创造进球数满一千记录后，有人问他："你哪个球踢得最好？"贝利笑笑回答："下一个。"

巴黎的埃菲尔铁塔举世闻名，可是它的设计者埃菲尔却一度鲜为人知。他曾用微妙的俏皮话表达他难以形容的心情："我真嫉妒铁塔。"一句婉言，包容了万语千言。

有一次居里夫人过生日，丈夫彼埃尔用一年的积蓄买了一件名贵的大衣，作为生日礼物送给爱妻。当她看到丈夫手中的大衣时，爱怨交集，她既要感激丈夫对自己的爱，又要说明不该买这样贵重的礼物，因为那时试验正缺钱，她婉言道："亲爱的谢谢你，谢谢你，这件大衣确实是谁见了都会喜爱的，但是我要说，幸福是内在的，比如说，你送我一束鲜花祝贺生日，对我们来说就好得多。只要我们永远一起生活、战斗，这比你送我任何贵重礼物都要珍贵。"这一席话使丈夫认识到花那么多钱买礼物确实欠妥当。

委婉是一种修辞手法。即在讲话时不直陈本意，而是用委婉之词加以烘托或暗示，让人思而得之，而且越揣摩，似乎含义越深越多，因而也就越是有吸引力和感染力。

在社会交际中，人们往往会遇到不便直言之事，只好用隐约闪烁之词来暗示。如1972年美国总统尼克松访华，周恩来在一次酒会上说："由于大家都知道的原因，中美两国隔绝了二十多年。"真是妙绝。既让人体会到造成这一事实的原因是美国侵略和干涉的结果，又不伤美国客人的面子，听者皆发出会心的微笑。

使用委婉语，必须注意避免晦涩艰深。谈话的目的是要让人听懂，如一味追求奇巧，会使他人丈二和尚摸不着头脑，造成误解，影响所要表达的效果。

要做到语言含蓄须善于洞悉谈话的情景和宗旨，还要练就随机应变的本领，这样才会使你的语言得心应口，既有新意又达到了目的。

口不择言招人烦

有心计的女人从不会口不择言，胡乱说话。而不懂心计的女人就知道像机关枪般的乱说话，自己心里是痛快了，别人心里却痛苦了，结果是把人也得罪了。

“你会说话吗？”这样问你，你一定觉得可笑，只要是正常人，说话谁不会？实际上，问题并没有那么简单。我们还是先看几个笑话。

一剃头师傅家被盗劫。第二天，剃头师傅到主顾家剃头，愁容满面。主顾问他为何发愁，师傅答道：“昨夜被强盗将我一年积蓄劫去，仔细想来，只当替强盗剃了一年的头。”主人怒而逐之，另换一剃头师傅。这师傅问：“先前有一师傅服侍您，为何另换小人？”主人就把前面发生的事细说了一遍。这师傅听了，点头道：“像这样不会说话的剃头人，真是砸自己的饭碗。”

有一人请客，四位客人有三位先到。这人等得焦急，自言自语道：“哎，该来的还没来。”一客人听了，心中不快：“这么说，我就是不该来的来了？”告辞走了。主人着急，说：“不该走的又走了。”

另一客人也不高兴了：“难道我就是那该走又赖着不走的？”一生气，站起身也走了。主人苦笑着对剩下的一位客人说：“他们误会了，其实我不是说他们……”最后一位客人想：“不说他们就是我了。”主人的话未完，最后一位客人也走了。

由此看来，如果我们说话时不加检点，就可能伤人败兴，引起误解，惹怨招尤。我们要注意说话的场合、对象、气氛，不要口不择言，想说就说。像有些人去菜市场，问卖肉的：“师傅，你的肉多少钱一斤？”或饭馆服务员上一盘香肠，说：“小姐，这是你的肠子。”这类生活中的笑话一定要避免，否则很容易惹出是非和麻烦。

有些女人心里藏不住话，听到什么、看到什么就爱四处传播，这是一个很大的缺点。中国有句俗话，“病从口入，祸从口出”，许多是非往往是女人多嘴多舌造成的。特别是一些年轻的女人，社会阅历少，经验不足，爱说敢说，如果不注意控制，就更容易因话惹祸。这时不管你是有心还是无心，长期下去，不仅会给别人带来不幸，自己也会因此而不快乐。

有心计的女人要明白，言为心声，语言受思想支配，能管住自己舌头的女人才有幸福可言。

此外，“马有失蹄，人有失言”，偶尔失语在语言交际中难免发生，但失语往往是许多矛盾发生和激化的根源。因此，挽回失语的危害，在语言交际中是很有必要的。

例如：

实习期间，小文在黑板上刚写了几个字，学生中突然有人叫起来：“老师的字比我们李老师的字好看呢！”

真是语惊四座，稚嫩的学生哪能想到：此时后座的班主任李老师怎样的尴尬！对还是实习生的小文来说，初上岗位，就碰到这般让人难堪的场面，的确使人头疼，以后怎样同这位班主任共渡实习关呢？转过身来谦虚几句，行吗？不行！这位实习生灵机一动，装作没有听到，继续写了几个字，头也不回地说：“不安安静静地看课文，是谁在下边大声喧哗！”

此语一出，使后座的李老师紧张尴尬的神情顿时轻松多了，尴尬局面也随之消除。

这里小文就是巧妙地运用装作不知道，避实就虚，即避开“称赞”这一实体，装作没有听清楚，而攻击“喧闹”这一虚像。既巧妙地告诉那位班主任“我”根本没有听到，从而避免了为以下的交往设下障碍，又打击了那位学生的称赞兴致，避免了他误认为老师没有听见的可能，

再称赞几句从而再次造成尴尬局面。

另外，朋友之间有时也会因开玩笑过头而大动肝火，伤了和气。对于这种情况，不妨巧妙地运用“装作不知道”回避掉。

吴丽因身体肥胖，同班的李明、张峰便“冬瓜”长“冬瓜”短地做起买卖来，并时不时拿眼瞅吴丽，扮鬼脸。拿别人的生理缺陷来开过火的玩笑，实在让吴丽气愤。若要制止，就是不打自招；如不管他，却又按捺不住心中的怒火。怎么办呢？

此时吴丽稳了稳躁动的情绪，缓缓地走过去，拍着二人的肩膀，轻言细语地问：“李明，听说你有一米八高，恐怕没有吧。”接着又对张峰道：“你今天早上吃饭了没有？”

听到这般温柔怪诞的问话，兴奋中的二人顿时愣住了，大眼望小眼，如坠云里雾中，刚才有声有色的“买卖”，再也没有兴致继续下去。吴丽以装聋作哑之计化解了原本很尴尬的局面，更重要的是她并没有破坏与李明、张峰之间的关系。

挖苦、讽刺都是一种用尖酸刻薄的语言，贬损、揶揄对方的行为，极易激怒对方。为避免大动肝火，两败俱伤，有心计的女人就可巧妙地运用装作没听清楚的方式见机而行。

总之，装聋作哑可以用在各种交际场合。作为女人，恰如其分地运用它，就能用它换得好人缘和别人的尊重。

适当保持缄默，不争口角上风

有些女人喜欢口舌上的争斗，总要与人分出胜负，结果反而一败涂地；而那些对争斗沉默以对的女人，以静制动，不仅胜了，还赢得了别人的赞同。后者才是真正有心计的女人，聪明的、不动声色的胜利者。

你要有面对不怀善意的力量的心理准备，你可以不去攻击对方，但必须保护自己的“防护网”，有心计的女人支招：不如装聋作哑！

在人际交往中，有许多场合都可以使用装聋作哑的办法，对别人的话装作没有听到或没听清楚，躲开别人说话的锋芒，然后避实就虚、猛然出击。其技巧关键在于躲闪避让的机智，虽是“装作”，正如实施“苦肉计”一样，却一定要表演得自然。

它的特点是：说辩的锋芒主要不在于传递何种信息，而是通过打击、转移对方的说辩兴致，使之无法继续打击你的窘迫局面，化干戈为玉帛，能够寓辩于无形，不战而屈人之兵。

某公司有一个女孩子，平日只是默默工作，并不多话，和人聊天，总是面带微笑。有一年，公司里来了一个好斗的女孩子，很多同事在她主动发起的攻击之下，不是辞职就是调离。最后，矛头终于指向了这个女孩。某日，这位好斗的女孩子抓到了那位一贯沉默的女孩子的把柄，立刻点燃火药，劈里啪啦一阵，谁知那位女孩只是默默笑着，一句话也没说，只偶然问一句："啊？"最后，好斗的那个主动鸣金收兵，但已气得满脸通红，一句话也说不出来。过了半年，这位好斗的女孩子也自请他调。

你一定会说，那个沉默的女孩子的修养实在太好了，其实是那位女孩子听力不大好，理解别人的话不至于有困难，但总是要慢半拍，而当她仔细聆听你的话语并思索你话语的意思时，脸上又会出现无辜、茫然的表情。你对她发作那么久，那么卖力，她回应的却是这种表情和"啊"的不解声，难怪要斗不下去，只好鸣金收兵了。

这个故事说明了一个事实：装聋作哑的力量是巨大的，面对沉默，所有的语言力量都消失了！

为了赢得好人缘，有心计的女人可以在多种场合中使用此计策。她们绝对不会不负责任地搬弄是非，那样只会惹祸上身；若一不小心泄露了自己的隐私，还会给人留下对付你的把柄。如此断送前途，不值得。

说话，要懂得什么时候说什么话；说了，还要为自己说过的话负责。不巧言、不令色，有时反而显出你的不识时务。

舌头是人之利器，也是人之祸害。无论你是吃硬饭还是吃软饭，舌头能帮你也能害你。所以，管不好自己的舌头，就要面临祸从口出的灾难！

有些人心里藏不住话，听到什么、看到什么就爱四处传播，这是一个很没有"心眼"的人。中国有句俗话，"病从口入，祸从口出"，许多是非往往是我们多嘴多舌造成的。

当然，人长了嘴巴就是要说话的，但说话一定得看场合、看时机。如果说话不看场合，不讲究方式方法，不分责任，不考虑结果，往往容易惹出是非和麻烦来。特别是青年人，社会阅历少，经验不足，爱说敢说，如果不注意控制，就更容易因话惹祸。这时不管你是有心还是无心，长期下去，最终害了你自己。

在我们的日常生活中，舌头惹出的风波太多了。不负责任的背后瞎说，毫无根据的怀疑猜测，不经调查的轻信乱传，东拉西扯的闲言碎语，都会给许多人造成痛苦和烦恼，给人世间增添许多是非和不幸。当然给别人带来不幸的同时，往往最终自己也受到恶报。

“害人的舌头比魔鬼还厉害……上帝仁慈为怀，特地在舌头外面筑起一排牙齿，两片嘴唇，好让人们在开口讲话之前多加考虑。”这是文学家的语言，意思是说我们在说话之前要多加考虑，要负责任，不能出口伤人，损害别人。

有“心机”的女人要明白，其实言为心声，语言受思想支配，反映一个人的品德。不负责任地胡说八道、造谣中伤、搬弄是非等等，都是不道德的，因此，能管住自己的舌头的人做人也就成功了一大半。

恭维如香水，可以闻不能喝

有一则漫画告诉我们：“恭维就好比是香水，可以闻闻，但千万不要喝。”意思是说，你可以坦然接受恭维，照单全收，但切记要留个心眼，不要相信它是真的。

萧伯纳曾经说：“我听别人吹捧我时，总是很难受，因为他们老是吹不到位。”我们可以将恭维比作质地不同的物品。赞美、赞扬、赞许、称颂等可称为“上等品”；讨好、阿谀奉承、溜须拍马、献媚邀宠则属于“下等品”。上等的恭维主要有以下几个特点：气味芬芳宜人，远离点头哈腰；不着痕迹，不动声色，使人浑然不觉；富有新意，而非陈词滥调，使人乐于信服；言辞尺寸恰当，分量适中，正中下怀。

现代社会，办公室里沉闷的表格、枯燥的数字、堆积如山的文件、繁杂的公务……使很多人在不知不觉中，慢慢地失去了热情。加上生活节奏愈来愈快，工作压力愈来愈大，常常会有一些不和谐的音符发生，简单的工作变得复杂，人与人之间变得愈加敏感，关系变得愈加紧张。此时，谁的内心都会涌出一种渴望、一种期待——得到他人的认同，希望被别人恭维和关心。

其实，渴望被人认同和赏识是人类的天性，恭维往往也不是一件太坏的事情。恭维的话有时候会给人以如沐春风的感觉，恭维亦能使人情绪平静，让人感受到被关爱的感觉。得到别人善意的恭维，生活就会多出很多美妙的情绪体验，使人每天都能拥有一份好心情。

首先，我们不可否认的是，恭维是一种示好的姿态，是一种友善，是在表达善意。陌生人初次相见，恭维对方几句，表明对对方的尊重。再则，缓和一下气氛，沟通一下感情，不失为一种明智的选择。因为，恭维是润滑剂，可以调剂紧张的情绪，消除敌对和戒备的状态，拉近彼此之间的距离，给人以亲善感，使人觉得你可以倾诉和交往，值得信赖和依靠。

对不同的人来说，恭维也会产生不同的作用：对于智者来说，恭维是希望和鞭策，因为它在无形之中会为自己划定一个努力的方向和奋斗目标；对于失败者来说，恭维是安慰；对于弱者来说，恭维能帮助他找到自信。但是，恭维对于愚者来说，却是精神胜利的依据，是逃避现实的地洞。

也许，人们都应该学着说点恭维话，因为，爱听恭维话是人的本性。说恭维话的人不是小人，而是智者，因为他们看清、看透了人性的弱点，将说恭维话作为一种策略，一种方式，一种实现自我的艺术。比如：节目主持人恭维观众，可以赢得掌声；政客恭维民众，可以赢得选票；商家恭维顾客，可以赢得生意；恋人恭维心仪的人，可以赢得爱情；学生恭维老师，可以赢得器重；下属恭维上司，可以赢得升迁；谈判桌上恭维对手，可以赢得合作……看来，恭维的好处也有很多。

另外，场合、对象不同，恭维的含义也不一样。对长辈的恭维是礼貌；交际场合的恭维是客套；对施舍者的恭维是感激；对导师的恭维是感恩；对父母的恭维是孝顺；对领导的恭维是拥护；对有功者的恭维是肯定；对发明家的恭维是鼓励；对初学者的恭维是鼓励……

但是，需要注意的是，恭维有雅俗之分，雅的恭维深沉，俗的恭维肤浅。恭维有时候就像一把双刃剑，有时也会使人遭受伤害或蒙受损失。作为一个修养深厚的人，我们应该明白，很多时候，恭维就像香水，只能闻，但是不能喝。懂得怎样去聆听恭维也是一种智慧的表现。有的人听到他人的恭维后，很容易动心，即使明知道是在故意阿谀奉承、吹捧，时间一长就很容易自我膨胀、迷失方向，这样做显然就会很危险。我们不妨重温以下这则经典的寓言故事——《狐狸与乌鸦》。

从前有两只狐狸，一只老狐狸和一只小狐狸。

有一天，老狐狸和小狐狸遇到了一只乌鸦。这只乌鸦落在长满嫩叶的枝丫上，它的嘴里还叼着一小块肉。小狐狸对老狐狸说："你信不信，我能把乌鸦嘴里的肉骗到手。"

于是，小狐狸对大乌鸦说："乌鸦姐姐，你的羽毛真漂亮，好久没有听到你的歌声了，你的歌唱得真好听。"

乌鸦听了很高兴，便放声大唱起来。一张嘴，肉就掉下去了，小狐狸扑上去一口就把肉给吃了。

老狐狸看不起小狐狸，说："骗一小块肉有什么了不起的？你看我的。"

于是，老狐狸一边打着飞吻一边对乌鸦说："乌鸦小姐，你是当代的歌星，是我心中的偶像，你能下来和我握握手吗？"

乌鸦听了很自豪，离开树枝飞到了地上，伸出翅膀和老狐狸握手，老狐狸乘机一把抓住了乌鸦，把乌鸦给吃掉了。

其实，这则寓言的寓意是十分深刻的，我们也为乌鸦感到悲哀，几句违心的恭维与廉价的夸赞就让它丧失了警惕，心里美滋滋、飘飘然的。多少年来，《狐狸与乌鸦》的故事不断地重复上演，我们也应该想到这样一句格言："人们赞美与恭维你的背后一定隐藏着一个不可告人的目的。”当然了，善意的恭维是排除在外的。

另外，可能你已经注意到了，假意的夸赞与廉价的恭维都是当面说的，背后怎么说那就不一定了，“阳奉阴违”、“明是一盆火，背后一把刀”、“上面是笑脸，下面使绊子”在我们的生活中也时常可见。规避这类错误的最好方法就是要有自知之明。要做到有自知之明，需要有较强的自制力与修养，时刻警惕“狐狸”嘴里的话，那些离谱的、不着边际的、夸大言辞的话，可以去听，但不要去相信，不要当真，否则就会上当或受到伤害。

他人自尊伤不得

自尊是人的一种天然的需要，对于女人来说更是如此，懂得保护别人自尊的女人才能得到别人的尊重，才能收获属于你的快乐和幸福。

人的自尊心比金钱还要重要。一个人如果失去了少许金钱，尚可忍受，一旦自尊心受到损害，就无法预测他将会干出什么事来。有时候，本无存心伤人之意，却可能因为一句无意的话伤害别人，甚至可能为自己树立一个敌人。因此女人说话一定要谨慎小心，不要因为一句话而给自己引来祸患。

刘丽是位自尊心很强的女孩，但她却跟几位“没教养”的人做了同事。这些人举止随便，嘻嘻哈哈，刘丽很看不惯他们的行为。一次，天正下着雨，一位女同事想出去办点事，拎起刘丽的伞就走。刘丽心想：“怎么招呼也不打就拿人家的东西，太欺负人了！”她勉强忍住气说：“你好像拿错了伞吧？”女同事大大咧咧地回答：“我忘了带伞，只好借你的用一下。”“你好像没跟我说‘借’字。”“哎哟，还用得着说‘借’字吗？我的东西还不是谁爱用就用？”刘丽冷冷地说：“借我的东西就得说‘借’，我不同意，谁也不准拿！”没想到，这件小事使刘丽的处境发生了很大的改变，那几位同事再也不愿意理她，不知情的领导经常提醒她注意搞好同事关系，根本不听她的解释。刘丽常常愤愤不平地想：“我只不过是为了维护自己的权利，难道这也错了吗？”

在工作和生活中，我们随时都会遇到一些人说对不起自己的话或做对不起自己的事。这时，我们应当怎么办呢，是针锋相对，以怨报怨，还是宽容为怀，原谅别人？

人生好比行路，总会遇到道路狭窄的地方。每当此时，最好停下来，让别人先行一步。如果心中常有这种想法，人生就不会有那么多抱怨了。即使终身让步，也不过百步而已，能对人生造成多大影响呢？你经常让人一步，别人心存感激，也会让你一步，一条小路对你来说也是坦坦通道。你事事不肯让人，别人心怀怨恨，就会设法阻碍你，损伤你，即使一条大路，对你也充满险阻。人与人之间往往是心与心的交往，诚心换来的是真情，坏心换来的是歹意。

从前有某显官，喜欢下棋，自负是国手。某甲是他门下的一名食客，有一天与某显官下棋，一入手便咄咄逼人。比赛到后来，竟逼得某显官心神失常，满头大汗。某甲见对方焦急的神情，格外高兴，故意留一个破绽。某显官满以为可以转败为胜，谁知某甲突出妙手，局面立时翻盘。某甲很得意地道：“你还想不死么？”某显官遭此打击，心中很不高兴，立起身来就走。虽然某显官有很深的修养，胸襟宽大，但也受不了这种刺激，因此对某甲就有了成见。而某甲呢，他始终不懂为什么某显官不再与他下棋。某显官也为了这个，总是不肯提拔某甲。某甲只好郁郁不得志，以食客终其身。也许他会自认命薄，哪知是忽略了对方的自尊心，控制不住自己的好胜心，使小过失铸成了终身的大错。

无论如何，幸福不是天上掉下来的，它是靠一个人用心积累的。该让步的时候就让一步，退一步海阔天空。但是，如果遇到必须取胜，无法让步的事，又该怎么做呢？那也要给别人留一点余地，就像下围棋一样，“赢一目是赢，赢一百目也是赢”。只要能赢就行了，何必让人家满盘皆输？比如与人争辩，以严密的辩论将对方驳倒固然令人高兴，但也没必要将对方批驳得体无完肤。这样做不但对自己毫无好处，甚至会自食其果，遭到对方的反击。当你和他人发生摩擦时，首先要了解他的想法，然后在顾及对方颜面的前提之下，陈述自己的意见，给对方留有余地。这一点在处理人际关系时非常重要，对女人来说价值就更高了一点。

言多必失，远离长舌八卦

聪明的女人一定要管好自己的嘴，闲谈莫论人非。你可以做个好的倾听者，但是如果你知道自己管不住自己的嘴，那么最好不要加入到任何的闲谈中，以免殃及自身。

闲聊，是女人的天性。比如谁谁的衣服穿得不协调、谁谁的妆今天化太浓了、谁和谁分手了又或者谁和老板的关系不太正常……不要认为别人就不会知道这些话是你说的，更不要天真的认为你身边的人都是朋友，说不定你上午说完了，下午别人就知道了，而你却在毫不知情的情况下把人得罪了。

有些女人感情细腻丰富，从不忘记把她们的细腻往外发泄，她们表现的欲望似乎比其他人要更为强烈，所以更爱议论。经常可以看见前一秒还是搂在一起逛街的女生，下一秒就另行组合来讨论对方的是非；在公交车上遇见初次见面的阿姨们可以一起激烈地讨论一件无聊的事情，最后还能达成某个极为无聊的共识……

许多女人的口没遮拦，不一定是有心的——是非多从口出，东家长西家短，逢人诉说，以此为乐。有的老人，还特喜欢到处向人诉说儿女、媳妇的不是，若遇老年“知音”，那诉说的锅一揭开，沸沸扬扬，一发而不可收。

一位退休老教师出嫁了的女儿，育有一女，年已岁半，家中虽有公公婆婆，却因故不带这个孙女，女儿便把孩子送回娘家，让父母带。这位外祖母带外孙女，初时也挺开心，但孩子调皮，有时又生病，日子长了，便不开心了，埋怨起来：“她爷爷奶奶为什么不带孙女，却把担子搁到我肩上！”她正在生闷气的时候，正好有一位“长舌妇”上门聊天来了，开口便用粗口说道：“人家老人都去公园里逍遥快活，我亲眼看到的，一会儿练太极，一会儿跳舞的，别提多自在了。就你笨，给别人带孙女……”老教师一听“长舌妇”此语，这不是为自己老伴的不满火上加油吗？当场火冒三丈，大声说道：“什么笨不笨！这是自己的骨肉，我们为什么不带！”这“长舌妇”讨了个没趣，皮笑肉不笑地边说边退：“还是外公爱外孙，还是外公爱外孙……”

如果这位老教师的妻子也是个长舌妇，那么这件事可就没完没了了。

言多必失，古人的遗训想来是有道理的，可是，即便说话有这么严重的危险后果，仍有相当一部分女人，这一生中最大乐趣的来源就是说话。越是强势的无聊女人就越喜欢搬弄是非。

可是，对这些女人而言，所谓的谈话，不过是另外一个人，当然最好是一群人，众星捧月，毕恭毕敬地围绕着她，充满期待与热忱的眼光仰望着她，然后，专心致志地听她说。不需要听众有什么自我意识，更不可将谈话转移到自己身上。只有一种反应是值得提倡的，那就是附和。

某知名牛仔裤品牌的全球广告总监，飞扬跋扈，自我感觉非常好。超级巨大的一桌午餐宴会的20多人全部加起来，都无法抢得暂时的、片刻的话语权。这女人有掌控、抢夺谈话话题的本事，当然，这是在牺

牲她基本教养的前提下。对于任何事情，她都抛出一个几乎可以盖棺定论的看法。而对于所有她不感兴趣的话题，她一律称之为愚蠢透顶。讲话是她最好的“消遣”，只要讲话就可以保证她精神抖擞。

曾经有位哲人说过这样一句话：“坏人不讲义，蛮人不讲理，小人什么都不讲，只讲闲话。”闲话也有很多种，一种是依事据理、与人为善的说法；另一种是无中生有、搅乱是非的说法。

女人之所以天生就喜欢说话，这是因为女性自古以来就没有进行激烈运动的习惯，结果是，将说话演变成为一种促进身体健康的有氧运动。女人爱传播小道消息，是有一定原因的：

首先，女人具有强烈的“他人指向性”，即对别人的生活行为总是寄予很大的兴趣和关心。

其次，由于社会条件的制约，女性能够施加影响以及表示关心的范围很窄，因此她们对身边的小事情会比较感兴趣。一个遥远的地方发生了强烈的地震，这对她们来说也许并不感到多大的震惊，可是隔壁邻居由于夫妻吵架，感情不和了，妻子离家出走了，这样的消息对她们来说倒是更有意思。

比起以上两条更重要的是有些女人常常处于一种欲望不能得到满足的状态，其典型的就是对别人的私生活、风流韵事等等男女问题特感兴趣。

这种情景，心理学上认为是以相反的形式来满足自己通过正常的形式不能满足的欲望。其证明就是，谈论这种所谓男女私情的女人以那些嫁不出去的老姑娘为多数。

这些女性的这种“背反形式”，表现为把谈话当中的最感兴趣的那部分过分强调，添油加醋。例如：第一次说“他们手拉着手”，第二次就会说“他们拥抱在一起”，然后就断然说“他们就不是一般的关系”，最后不怀好意地预测“他们早晚得分手”。

根据调查显示，男人最讨厌的就是那些常常在别人背后搬弄是非的女人，它会把女性身上所有的美丽与魅力都掩盖住。所以，真正聪明的女人，请管住自己的嘴，别去做长舌妇。

别让唠叨侵蚀了你的幸福

女人的唠叨，是美满家庭的腐蚀剂，是破坏和谐乐章的杂音。也是破坏家庭的安定、损伤夫妻的感情、拆散快乐家庭的罪魁祸首。

许多女人都有或多或少的嫉妒天性，总想把自己心爱的人牢牢地拴在自己的身边；女人有时也会喋喋不休，一有机会便唠叨个没完。其实

这两点都是爱情的大敌，若想获得爱情的幸福，女人必须设法克服这两种腐蚀幸福婚姻的“毒药”。

托尔斯泰伯爵夫人也发现了这一点——可惜她明白的太晚了，在她去世之前，她向女儿们承认：“是我害死了你们的父亲。”她的女儿们没有回答，却抱头大哭。她们知道母亲说的是实话。她们知道，是她们的母亲用不断的埋怨、没完没了的批评和永无休止的唠叨，把父亲害死的。

但是从各方面来说，托尔斯泰和他的夫人都应该是幸福的一对才是。他是最著名的不朽小说家之一。他的三本巨著《战争与和平》、《复活》和《安娜·卡列尼娜》，在世界文学史中永远闪耀着光芒。

托尔斯泰真是太出名了，当时崇拜他的人日夜地跟随着他，把他所说的每一个字，都速记下来。甚至连“我想我要上床睡觉了”诸如此类的只言片语。

除名望外，托尔斯泰和他的夫人还拥有财富、社会地位和儿女们。天下似乎从来就没有比这更美满的婚姻了。在开头的日子里，他们的幸福似乎是太完美了，太甜蜜了，使人相信一定会白头偕老。因此，两个人跪在一起，祈祷全能的上帝，永远不断地把这种幸福赐给他们。

然而好景不长，怪事发生了。托尔斯泰慢慢改变，变成了一个完全不同的人。他对自己所写的巨著感到羞愧，并从那个时期开始，他献身于写些宣传和平，以及废除战争和贫穷的小册子。

托尔斯泰的一生是一场悲剧，而之所以成为悲剧，原因在于他的婚姻。他的夫人喜爱华丽，而他却看不起；她热爱名声和社会的赞誉，但这些虚浮的事情，对他却毫无意义；她渴望金钱财富，而他认为财富和私人财产是罪恶的事。

多年以来，由于他坚持把自己著作的版权无偿地送给别人，她就一直地唠叨着、责骂着和哭闹着，因为她坚持想要那些书本所能赚到的钱。

当他不理会她的时候，她就歇斯底里发作起来，她在地上打滚，手上拿着一瓶药片，发誓要自杀，或者威胁着说要去跳阱。

他们一生中的最后一次倾心相谈，可能历史上最令人怜悯的一幕。当他们刚结婚的时候，他们的确非常的快乐，但过了48年以后，他甚至无法容忍自己多看妻子一眼。有一天晚上，这位年华已逝，而心已碎的女人，由于渴望得到热情，走来跪在他的面前，乞求丈夫为她大声读出他在50年前为自己所写的一段充满浓情蜜意的情书。当他读了那早已永远逝去的美丽的快乐时光后，两个人都悲伤地哭了。现实的生活和他们早先拥有的罗曼蒂克之梦，是多么地不同！又是多么明显地不同啊！

最后，当托尔斯泰82岁时，他再也不能忍受家里那种悲惨的气氛了，于是在一个下着大雪的夜里，他逃离了家庭，逃离到寒冷的黑暗里，不知道该到哪里去才好。

11天后，他因肺炎病死在一个火车站里。而他临死前的唯一要求是，不许她来到他的身边。

这就是托尔斯泰伯爵夫人唠叨、抱怨和歇斯底里所得到的结果。

每天我们都要面对很多错综复杂的事情，这些客观的事物都反映在我们的脑海中，有苦、有乐、有喜、有悲。唠叨便是发泄那些不满、不顺心、不顺眼等不满情绪的最好方式。

其实女人爱唠叨，也正是女人一种乐于表现自己、突显自己的原始天性的流露。但是唠叨过多的结局往往是事与愿违，越想通过唠叨来解决问题，越想通过唠叨来提醒自己的老公引起注意，反而越容易使老公反感。那么，女人该如何克制唠叨，让家庭生活环境更加愉悦和温馨呢?

要想克制唠叨，首先要放宽胸怀，少一些牢骚。就要增加自身修养，遇到不满的事情多用宽容的心态，来克制自己的不满情绪。在对待老公和他的家人时要提倡“委曲求全”，不要苛待人。要知道，谁也不愿意和爱挑剔的女人交往，谁也不愿意与苛刻的女人交心，谁也不愿意与碎嘴的女人交友。

另外，克制唠叨还要相互多一点理解，多一点温情。唠叨是家庭中的噪音，而这噪音的发源地往往来自家庭中的女人。做妻子的常常会因为一点小事或者一句不对自己心思的话语，而无休止塌唠叨不停。

爱情的幸福来自于彼此的理解和支持，嫉妒和唠叨不会起到任何的作用，相反，它只会使爱情的裂缝越拉越大，家庭的稳固摇摇欲坠。女人如果想获得幸福的婚姻、美满的家庭，那就从停止唠叨开始，不要让唠叨侵蚀了自己的幸福。

第七章
网罗人脉：争做最具人气的魅力达人

人际关系的好坏直接影响着女人幸福的程度。女人应该充分运用自己的优势和魅力来获得别人的好感与信任，进而找到打开成功交际之门的第一把钥匙。一个女人的社交活动越频繁，她成功的几率就越大。因此，女人除了要具备一定的生存技能，还应拓展自己的人际关系，以便在未来可以有更广阔的视野和更好的发展。

像整理衣柜一样整理人际

每个女人都知道，当衣柜装满了的时候，就需要进行清理与调整，以便腾出空间给新的衣服。同样的道理，随着你结识的人越来越多，人际关系网越来越杂乱的时候，你也该像整理衣柜一样去整理一下你的人际关系了。

在西方，有一则著名的格言："重要的不在于你懂得什么，而在于你认识谁。"西班牙著名作家塞万提斯也曾说："重要的不在于你是谁生的，而在于你跟谁交朋友。"这两则名言都说明了一个道理：交友是人生中的大事，必须要有所选择。有的人可与之深交，推心置腹；有的人只可与之淡淡而交，见面点点头而已；而有的人则不可与之交，应与之保持适当的距离。

林芳与同一公司的江华是好朋友，空闲的时候经常一起逛街、泡吧、唱K。林芳把江华当作知己一般，经常会对她倾诉自己的烦恼，而江华也非常乐于做林芳的"指路人"，给林芳出过很多好主意。一次公司为了提高员工的积极性，同时也能得到更好的作品，便将同一个策划案交给几个不同的人来做，决定择优录取。林芳和江华都在其中。出于对朋友的信任，林芳非但没有将自己的想法对江华保密，反而说出来让江华提提意见。江华则认为林芳的想法风险太大，容易出现闪失，劝告林芳放弃。林芳采纳了她的建议，转而做了另外一个方案。让林芳没有想到的是，公司最后采用的是江华的方案，竟然就是林芳提出的被江华否定的那个想法。林芳没有办法接受被最信任的朋友欺骗的事实，很快就跳槽去了另外一家公司。昔日的朋友就这样成了陌路。

没错，像林芳这样交友不慎，后果是很危险的。《伊索寓言》中著名的两个朋友与熊的故事，告诉给我们的就是这样的道理。因为你永远不知道他会不会在危险的时候把你一个人丢下，独自逃命去了。这样的朋友就是你的关系网上那些坏掉的网扣。

你应该学会经常清理自己的人际关系网。你可以规定自己每一个月或者两个月给关系网来一次大扫除。扫除的时候，要把这一个月或两个月来与你联系比较频繁的人写下来，回忆一下你在同这些朋友在一起的时候是否开心，是否学到了新的东西，他们是否为你的生活带来了起色，还是否给了你解决难题的灵感。如果你发现其中的某个人只教会了你周末泡吧、唱歌、逛街的话，最好就赶紧和他保持一定距离吧。因为你已开始和他一起"堕落"了。再回头想想这几个月来你是不是忽略了一些应该与之保持密切联系的朋友？别犹豫，立刻给他们写个邮件、发个短信，打个电话，约好周末出来聚一聚吧！虽然说君子之交应该是淡如水的，但在生活节奏如此迅速的今天，太过清淡的交往会很容易被人抛在脑后的。

国际知名演说家菲利普女士在请造型顾问帕朗提帮她做造型设计时，受到了这样的启发：“帕朗要求我将整理出来的衣服总共分成三堆：一堆送给别人；一堆回收；剩下的一小堆才是留给自己的。有许多我最喜欢的衣物都在送给别人的那一堆里，我央求帕朗提让我留下件心爱的毛衣与一条裙子。但她摇摇头说道：‘不行，这些也许是你最喜爱的衣物，但它们却不配合你现在的身份与你所选择的形象。’由于她丝毫不肯让步，我也只得眼睁睁地看着自己大半衣物被逐出家门。我必须学着舍弃那些已不再适合我的东西。而‘清理衣柜’也渐渐地成为我工作与生活的指导原则。不论是客户也好，朋友也好，衣服也罢，我们必须评估、再评估，懂得割舍，以便腾出空间给新的人或物。我也常用这个道理与来听演讲的听众分享，这是接受并掌握生命、生涯不断变动的一种方法。”

当然，在清理你的人际关系网之前，你首先要建立起一个关际网。通过有效地建立人际关系，你可以与以前不认识的人建立联系，随着时间的推移，你们之间的关系会越来越密切，他就会成为你的人际关系网上的一个网扣。但是，要记住，并不是这个网上所有的网扣都会成为你生命中很重要的人。

清理人际关系网的道理也和清除衣柜相类似。帕朗提容许菲利普女士留下的衣服，是最美丽、最吸引人的，也是剪裁最合体的几套。“舍”永远不是件容易的事，虽然有惋惜的悲伤，但从此拥有的不仅都是最好的，也有更多空间可以留给新衣服。

如果我们也对自己的人际网络做同样的“清除”工作，在去芜存菁之后，留在圈圈内的朋友不就都是我们最乐于往来的吗？一旦我们仔细评估对每个朋友的感受之后，道理即变得很明显——难道我们不应该把时间与精力放在那些让自己最乐于相处的人身上吗？

友情是一种宝贵的财富

财富不是一辈子的朋友，朋友却是一辈子的财富。巴金也曾深情地说道："友情在我过去的生活里就像一盏明灯，照彻了我的灵魂，使我的生存有了一点点光彩。"

友情是指一种朋友和朋友之间的感情，它是一种很美妙的感情。只有拥有真正朋友的人，才能真正感受到它的美好。培根曾感叹道："除了一个真心的朋友之外，没有一样药剂是可以通心的。"达尔文在谈到友情时这样说道："谈到名声、荣誉、快乐、财富这些东西，如果同友情相比，它们都是尘土……"

有一句话是这样诠释朋友的概念的："朋友就是在你需要的时候能够陪伴在你的身边，给你安慰、鼓励和帮助的人。"因此，当朋友需要帮助的时候，一定要伸出自己的援手。并且要明白真正的友谊是锦上添花，更是雪中送炭！

这是发生在越南的一个孤儿院里的真实故事，由于飞机的狂轰滥炸，一颗炸弹被扔进了这个孤儿院，几个孩子和一位工作人员被炸死了。还有几个孩子受了伤，其中有一个小女孩流了许多血，伤得很重！

幸运的是，不久后，一个医疗小组来到了这里，小组只有两个人，一个女医生，一个女护士。

女医生很快地对小女孩进行了急救，但在那个小女孩那里出了一点问题，因为小女孩流了很多血，需要输血，但是她们带来的不多的医疗用品中并没有可供使用的血浆。于是，医生决定就地取材，她给在场的所有的人都验了血，终于发现有几个孩子的血型和这个小女孩的血型是一样的。可是，问题又出现了，因为那个医生和护士都只会说一点点的越南语和英语，而在场的孤儿院的工作人员和孩子们只听得懂越南语。

于是，女医生尽量用自己会的越南语加上一大堆的手势告诉那几个孩子：“你们的朋友伤得很重，她需要血，需要你们给她输血！”终于，孩子们点了点头，好像听懂了，但眼里却藏着一丝恐惧！

孩子们没有人吭声，没有人举手表示自己愿意献血！女医生没有料到会是这样的结局！一下子愣住了，为什么他们不肯献血来救自己的朋友呢？难道刚才对他们说的话他们没有听懂吗？

忽然，一只小手慢慢地举了起来，但是刚刚举到一半却又放下了，好一会儿又举了起来，便再也没有放下！

医生很高兴，马上把那个小男孩带到临时的手术室，让他躺在床上。小男孩僵直地躺在床上，看着针管慢慢地插入自己细小的胳膊，看着自己的血液被一点点地抽走！眼泪不知不觉地就流了下来。医生紧张地比划是不是针管弄疼了他，他摇了摇头，但是眼泪还是没有止住。医生开始有一点慌了，因为她总觉得有什么地方肯定弄错了，但是到底在哪里呢？针管是不可能弄伤这个孩子的呀！

就在这个时候，一个越南的护士赶到了这个孤儿院，女医生把情况告诉了越南护士。越南护士急忙低下身子，和床上的孩子交谈了一下，不久后，孩子竟然破涕为笑。

原来，所有的孩子都误解了女医生的话，认为只有抽光自己身上的血才能救活那个小女孩。一想到不久以后自己就要死了，小男孩才哭出声来！医生终于明白为什么刚才没有人自愿出来献血了！但是她又有一件事不明白了：“既然以为献过血之后就要死了，为什么他还自愿出来献血呢？”医生问越南护士。

于是，越南护士用越南语问了一下小男孩，小男孩不假思索地回答道：“因为她是我最好的朋友！”

看完这个故事，相信每个人的内心都会为之一动，小男孩用最纯真的话语诠释了友情的最佳含义——不惜付出生命的代价。

当然，在现实生活中，女人和女人之间的友情完全不必这么悲壮，只是，当朋友陷入了无助、痛苦的时候，你只需要给她一个可以放声大哭的怀抱；或者只是静静聆听；或者是一些物质方面的资助。总之，在一个人人生的低谷期，能有这样一个不离不弃的朋友与之相伴将是一件最幸运的事，相信这份感动也会融入在她的生命中，伴她更有勇气地前行。

朋友，就是那些可以使对方活得更加温暖、更加自在的人。细想一下，有多少笑声都是友谊唤起的？有多少眼泪都是友谊揩干的？友谊的港湾温情脉脉，友谊的清风灌满征帆。真正的友情独立人格之间的互相呼应和确认，它不依靠身份、地位和成就等，它在本质上拒绝功利，拒绝归属，拒绝契约。人的生命没有第二次，来人世间走一遭，有一次相遇，能叫上一声朋友，是一件很不容易的事情，生命会因此而多姿多彩。朋友之所以对每一个人都很重要，是因为每个人都有脆弱的一面。人会觉得孤独、空虚、无助，可能都是因为朋友太少了，没有朋友的世界，黑暗而荒凉。因此，所谓如何对待朋友，如何珍视友情是一个人的价值观的具体表现，而真正的友情应该是无所求而深刻的，当然也应该是真诚的。正如这样一句名言："友谊犹如一朵灿然的花朵，必须靠双方真诚的浇灌和培育才能结出丰硕的果实。"任何时候，都不要把友谊当作是感情的投资，它只需要你无私地伸出援手。

为朋友付出不讲求回报

真诚地帮助别人，是不应该寻求回报的，更不能让对方感到受你的帮助是一种负担。这样会给朋友的心理造成一种压力，两个人的关系也会因此而产生变质的可能。

朋友之间互相帮助是人之常情。当对方有困难时，主动伸出援助之手，会使对方备感温暖。而有时候恰如其分地请求对方帮助，还会加深朋友之间的友情。人的性格各不相同，有宽容的，有吝啬的，有豪爽的，有狭隘的，但是，对于给别人一种小惠，却人人都很乐意；而对于那些自称不愿求人的朋友，却是人人都不喜爱的。

有些人的虚荣心很强。为朋友做了事，送了人情，等到大功告成，他便把简单的说成复杂的，小事说成大事，生怕人家忘了。没有朋友会因为你不说，就会忘记你送的人情，多说反倒无益。人家可能尽快地还你一个人情，之后便敬而远之，即使你再有能耐，朋友亦会另请高明。所以，做足了人情，给足了面子，但不要夸大其辞，最好不夸功，甚至不认账，当然不认账，只是你不认，并不等于朋友不清楚。因为谁都不想一辈子欠别人的人情。但愿意帮助别人的良好初衷，有时并不能带来良好的结果。人情世故的微妙有时候很耐人寻味。有这样一则故事，具有很好的启发作用。

在一个大雪纷飞的冬天，一个贫穷的农夫向村里的首富借钱。恰好那天首富兴致很高，便爽快地答应借给他银子，末了还大方地说："拿去开销吧，不用还了！"农夫接过钱，小心翼翼地包好，就匆匆往家里赶。首富冲他的背影又喊了一遍："不用还了！"

第二天大清早，首富打开院门，发现自家院内的积雪已被人扫过，连屋瓦也扫得干干净净。他让人在村里打听后，得知这事是农夫干的。这时首富明白了：给别人一份施舍，只能将别人变成乞丐。于是他前去让农夫写了一份借契。

事实上农夫是在用扫雪的行动来维护自己的尊严，而首富向他讨债极大地成全了他的尊严。在首富眼里，世上无乞丐；在农夫心中，自己更不是乞丐。如果把"施恩"变成了"施舍"，一字之差，高低立见，效果却大大的不同。生活中经常有这样的人，帮了别人的忙，就觉得有恩于人，于是心怀一种优越感，高高在上，不可一世。这种态度是很危险的，常常会引发反面的效果，这就是费力不讨好的表现。帮了别人的忙，却没有增加自己人情账户的收入，正是因为这种骄傲的态度，把这笔账抵消了。

帮忙时的行为方式是最值得注意的，不要使对方觉得接受你的帮助是一种负担，应该做得自自然然，也许在当时对方无法强烈的感受到，但是日子越久越体会出你对他的关心，能够做到这一步是最理想的。当你帮忙时要高高兴兴，不可以心不甘、情不愿的。如果对方也是一个能为别人考虑的人，你为他帮忙的种种好处，绝不会像射出去的子弹似的一去不回，他一定会用别的方式来回报你。对于这种知恩图报的人，应该经常给他些帮助。

总之，人际往来，帮忙是互相的，切不可像做生意一样赤裸裸的，把每件事摆放得清清楚楚。忽视了感情的交流，会让人兴味索然，彼此的交情也维持不了多长时间。有人为朋友做了事，送了人情，便时时挂在嘴边，生怕人家忘了。这样反而会破坏了前面积下的人情。记住，没有人会因为你不说，而忘记你送的人情，多说反倒无益。

倾听也是一种交流方式

倾诉，是人的一种本能。快乐要有人分享才称其为快乐，痛苦要有人分担才能得以减轻。倾听则是一种谦虚谨慎的姿态，有了这种姿态，才能做到海纳百川、光明磊落、心底无私。女人都应该学会倾听，倾听朋友的心声。

冰心曾言："爱情在左，友情在右，走在生命的两旁，随时撒种，随时开花，将这一径长途，点缀得香花弥漫，使穿枝拂叶的行人，踏着荆棘，不觉得痛苦，有泪可落，却不是悲凉。这爱情，这友情，再加上一份亲情，便一定可以使你的生命之树常青不败。"

事实上，女人和女人之间的友谊真的可以是如冰心所说的那样，很柔和、很微妙的：你们可以心安理得地享受对方为你所做的一切，而不会计较付出的多少；即使很久没有见面，相聚之时也完全不必理会客套的言辞，不会没话找话，一切都显得很自然；当你们沉默着走路，也不会觉得尴尬；你们了解彼此很多很多的秘密，这些秘密反映了你们对彼此的信任，也决定了你们之间的友情是深刻而永久的。在我们的一生中，能交到这样的知心朋友并不容易，人与人之间必须靠耐性来维持和谐的关系，所以，当朋友陷入了烦恼的泥潭不可自拔，不妨做一个最忠实的听众。

记得有一位美国女作家曾说过，沟通的最高境界就是静静地倾听。的确，静静倾听这种姿态所表现出来的正是一种宽容、谦逊的人格，也展示了你对他人的尊重。有人认为，若能鼓励和引导对方把话都讲出来而自己保持沉默，那对方就无法掩盖自己的内心世界了。专注地、耐心地去倾听朋友的内心世界，那就是了解对方。通过这种方式，你就能交上好朋友，并获得朋友的喜爱，从而提高自己的满足感和幸福感。相反，一个女人如果经常在朋友面前展露自己的才气或者某方面的优越性，喜欢说一些俏皮话，而且不懂装懂、卖弄学问，无疑不会得到真诚的朋友。

不是有这样的歌词吗？朋友的心你要听听，别只顾自己走得急；朋友的心你要听听，大风浪你要经得起……是呀，受伤时给你安慰，干杯时与你同醉，用快乐为你驱走疲惫的人，唯有朋友。这个世界的所有情感都是需要人们细心呵护、悉心维护的。在倾听的时候你应做到：眼睛始终注视对方；不随便改变话题；不中途打断朋友的讲话，但也要不时地发问，就朋友所使用的字眼简单叙述自己的想法。只有这样，你才能真正感受到倾听与倾诉都会使人如沐春风，会给人以奋起的力量。

古希腊先哲苏格拉底说：上天赐人以两耳两目，但只有一口，与其见多见多闻而少言。人与人之间需要交流、沟通、协作、共事，善不善于倾听，不仅体现了一个人的道德修养，还关系到是否与他人建立起一种正常和谐的人际关系。

倾听是心灵之花。倾听能折射出纯洁而热情的光芒。倾听是一缕悠风，它能吹散笼罩在人们心头的阴霾；倾听是一朵常开不败的话，她能绽放着生命之蕊，换取人们的信任和欣赏。

倾听长者的教诲，就如同读一本好书，实乃受益匪浅。倾听朋友的诉说，与朋友共同分享快乐，分担痛苦，让朋友感觉自己不是孤单的。倾听他人的牢骚，让他人感到舒畅，满足和轻松；倾听您的双亲，让他们感受到儿女的那份孝敬之情，排解他们内心的孤独；倾听您的同学和朋友，真诚地为其进步而高兴，为其成功而喝彩，成为他们雨中的一把伞，路上的一盏灯。在跋涉的道路上，跌倒时希望有人扶持；忧虑时希望有人分忧；寂寞时希望有人陪伴。倾听犹如春天的嫩草，充满活力与希望，也给人带来新生的力量和希望之火。倾听犹如炙热的夏日里的一阵凉风，把枯燥与烦闷一拂而尽，送来轻松愉快的感觉。

倾听在呼唤，我们需要倾听。朋友，难道我们不应该牵起倾听之手去创造更加精彩的明天吗？

礼让是沟通情感的桥梁

礼貌待人是我们中华民族的优良传统。中国曾有“君子不失足于人，不失色于人，不失口于人”的古训，意思是说，有道德、有修养的人待人应该彬彬有礼，态度不能粗暴傲慢，更不能出言不逊。

一个人的诚恳与善良往往是通过礼仪来显现出来的。所以说，毕恭毕敬的态度，得体的礼仪是赢得别人信赖的条件之一。礼貌是礼仪的基本体现，而并不只是一种外在的表现形式，它是沟通人们之间友好感情的一道桥梁。如果人们能自觉地做到礼貌待人，不仅能使人与人之间的关系更加纯洁和美好，还可以无限提升自己的个人修养，使你看起来更有魅力。

心理学研究表明，人人都有交友和受到尊重、尊敬的强烈愿望。人们都渴望自立，成为家庭和社会中真正的一员，平等地同他人进行沟通。因此，如果你能以礼貌的态度与人沟通，对方会觉得受到了尊重，从而对你产生好感；相反地，如果你自觉高人一等，居高临下、盛气凌人地与人沟通，对方会感到自尊受到了伤害而拒绝与你交往。

一天，美国著名企业“巨象”集团的花园，来了一位四十多岁的妇女，还领着一个十几岁的小男孩。他们坐在一张椅子上，女人似乎很生气地在训斥着男孩，边说着，还边把一团用过的卫生纸随手丢在了旁边的灌木丛上。而灌木丛边，站着一位正在修剪灌木的老人。老人看到扔过来的纸团，又看了看正在训斥小男孩的妇人，什么也没说，默默地把纸团捡起来扔到了附近的垃圾桶里。没想到，只过了几分钟，中年妇女又拿出一张纸巾，擦了擦脸，又把纸团扔到草丛上。老人再次走过去，把纸团扔到了桶里。

看到这一幕，妇女非但没有悔意，还指着老人大声地对男孩说：“你看，如果你再不好好学习，你将来就会和这老头一样，一辈子做这些卑贱的工作。”老人听了，放下手里的剪刀，来到女士的面前，仍然态度谦逊地问道：“夫人，请问您是这家公司的员工吗？这里是公司的私人花园，按理说只有员工才能进来。”女人一听老花匠竟然敢质疑自己的身份，傲慢地说：“我可是下属一家公司的部门经理，我就在这里工作！”说着，还拿出证件在老人面前晃了晃。老人沉默了一会儿，打了一个电话就回到灌木丛前继续自己的修剪工作。

几分钟后，一名男子匆匆赶过来，毕恭毕敬地站在老人面前，对老人说：“我这就按您的吩咐免去这位女士的职务。”老人没有回答来人的话，只是走到小男孩的面前，说：“孩子，这世界上最重要的，不是学会一身本领，而是要学会去尊重每一个人。”说完便转身离开了。

中年妇女看着自己的上司如此尊敬一个老花匠，愣在那里不知所措。赶来的男人对妇女说：“你所鄙视的这位老人正是我们集团的总裁。

而现在，你被开除了。”“什么？他竟然是总裁詹姆斯先生？”中年妇女难以置信地看着老人离开的方向，顿时呆在了那里。

这个故事说明只有真正学会有礼貌地对待他人，尊重身边的每一个人，才能得到他人的尊重，也可以避免使自己受到损失。

随着社会经济的不断发展，社会中的人际关系更是错综复杂，因此在社会中为人处世就变成了一个深邃而又敏感的话题。万事礼为先，每一个人都应该成为一个讲礼仪的人。

孔融（153～208年），鲁国人（今山东曲阜），是东汉末年著名的文学家，建安七子之一，他的文学创作深受魏文帝曹丕的推崇。据史书记载，孔融幼时不但非常聪明，而且还是一个注重兄弟之礼、互助友爱的典型。

孔融四岁的时候，常常和哥哥一块吃梨。每次，孔融总是拿一个最小的梨子。有一次，爸爸看见了，问道：“你为什么总是拿小的而不拿大的呢？”孔融说：“我是弟弟，年龄最小，应该吃小的，大的还是让给哥哥吃吧！”

孔融小小年纪就懂得兄弟姐妹相互礼让、相互帮助、团结友爱的道理，使全家人都感到惊喜。从此，孔融让梨的故事也就流传千载，成为团结友爱的典范。

《诗经》上说：“谦谦君子，赐我百朋。”只有懂得礼仪的人才能获得更多的朋友。礼多人不怪，人们都将一个人是否彬彬有礼作为其社会地位和受教育程度的检验标准。很多时候，一件事情的成功往往取决于你对对方的尊重。多礼能够体现一个人的素质修养。礼也是人为的，并不是与生俱来的，必须要用心去领会、去学习，逐渐养成一种习惯，它会帮助你顺利地打开人际交往局面。

时刻要给他人留面子

如果我们想在社会交际中如鱼得水，就不能在公众场合率直地批评别人，而要用一些委婉、含蓄的方式表达自己的意思，这样，既保住了别人的面子，又为自己挣了面子。

在现代社会里，一个懂得交际艺术的人，即使他知道自己的观点是完全正确的，在说服别人接受他的观点的时候也会力求保住对方的面子，并以此为切入点让别人接受自己的观点。结果，别人自然会认为他是宽容的、明智的绅士。那些认为自己掌握着真理，拼命找别人过错和缺点的方式去说服别人，甚至威胁别人的人是没有修养的人。即使他说的是事实和真理，也没有人会接受这种沟通方式，因为他已经深深地伤害了别人。可见，人人都爱面子，你给别人面子，就是给自己一份厚礼。

人们总是竭尽全力来保持颜面。不少人为了面子的问题，可以做出常理之外的事。如果你是个不在乎面子的人，那么你肯定没有好人缘；如果你是个只顾自己面子，却不顾别人面子的人，那么你总有一天会在“面子”上吃亏。人人都有自尊和虚荣心。因此，为了自尊和虚荣，有些人可以吃暗亏，但就是不能

吃“没有面子的亏”。

很多时候，朋友之间发生争论，并不是不了解对方，而是有失谅解造成的。这时候争论的双方切不可以怒制怒。最好的方式是主动给自己找台阶下，又不伤害朋友面子，要多加解释，设法沟通或者道歉、劝慰，与朋友达成共识。

其实，在家庭成员之间又何尝不是如此呢？有一句话是这样说的：“男人最要面子。”这也不无道理，因为，男人虽然看起来粗枝大叶，其实他的内心有时候并不像外表那么坚强。他要在外面打拼，他要给外人留下一个堂堂“男子汉”的印象，所以很多时候他比女人更重视自己的形象，更在意别人的看法。对于婚姻里的男女来说，女人如果学会了给男人留足面子，那无异于给自己的婚姻锦上添花。

细想一下，可能很多已婚女性都遇到过这样的情况：一天回家，突然看到丈夫领来了一群不速之客，买了很多烟酒肉菜，弄得满屋子杯盘狼藉。你非常有理由生气，因为你对他们的到来一无所知。为了给足丈夫面子，虽然心里不乐意，但是，绝不能将这种不满意表现出来。因为，男人都是爱面子的。可以想象，当丈夫的同事或多年旧友见面后，提议聚一聚，而你的丈夫慷慨地说：“到我家去。”可其他人却故弄玄虚地说：“是否需要和嫂夫人打个招呼？”丈夫被这么一“将”，男子汉自尊心自然会瞬间加重，一拍胸脯：“我们家没这规矩。”

生活中类似的事情还很多，若不注意，很可能无事生非。总之，作为一个知书达理的妻子，应当理解丈夫的心，他只是不希望被人认为是“妻管严”，说不定他的心里是满满的对你的歉意。因此，一定要给你的丈夫一些自作主张的机会，哪怕是一时的或表面的也好。

杨艳和丈夫结婚多年，感情一直不错，其中很重要的一条就是她很注意给足丈夫面子，尤其在外人面前。让我们来看看杨艳是怎么说的：

我和老公的感情一直都很好，这可能也缘于我常常给足老公面子的原因吧。比如，在零用钱方面，虽然我们并不是那种特别富裕的家庭。但是，每个月发了工资，除去家里必要的开支，我都会给他的钱包里塞上足够的零花钱。我不愿看着一个大男人为了钱犯愁，也不愿他因为钱不够花背着我偷偷地存私房钱。我喜欢他舒舒服服地享受生活，也愿意看着他慷慨大方地呼朋唤友，享受属于男人的生活乐趣。事实证明，我这么做是对的，老公并没有因为我的大方而乱花钱，倒是常常想办法给我省点钱出来，或是送我一份礼物，或是给家里添置点什么东西，他对我宽松的“财政政策”充满了感激与感动。他常对我说，他的很多男同事每个月的零花钱少得可怜，被老婆管得死死的，所以都很羡慕他找了个懂得体贴好老婆。他自己也觉得很有面子，他也为此更爱我了，这大概就是我要追求的效果吧。

我一般很少往老公的办公室打电话，也很少在老公出去应酬的时候频频打电话催他回家，除非有要紧的事情。总之，和老公一起生活的这些年里，我们基本上没有争执、吵架的时候。即使吵架，我也有个原则，那就是绝不当着外人吵，决不能吵得惊动了邻居。

记得有一次，因为一件工作上的事情，我们吵得比较厉害，各有各的理由，谁也不肯让步。正在僵持中，门铃忽然响了，是丈夫的一位朋友来串门。我尽量说服自己，让自己平和下来，露出笑容，然后把门打开，很热情地欢迎对方进来，之后我又忙着端茶倒水，并且主动和丈夫说话，尽我所能地调动气氛，这位朋友始终不知道我们之前曾经争吵过。送走了那位朋友，丈夫感动地抱住我说：“谢谢你，老婆。”那个晚上的危机就这样悄然化解了。

睿智的女人会理解丈夫，并处理好与丈夫之间的小误会，用细微、体贴的语言、动作，沟通好夫妻之间的感情。其实，在给丈夫留足面子的过程中，丈夫也会为此更珍惜、疼爱你。同时，你也可以很好地学会宽容与大度。给男人留面子，其实是对对方的一种尊重和理解。给爱人留面子，其实就是给爱留“面子”，给婚姻留下“余地”，它会让一个女人变得更温柔、体贴，也会让一个男人活得更潇洒、有气度，更会让婚姻多一分美满，少一些遗憾！

用欣赏的眼光看待每个人

“这个世界并不缺少美，而是缺少发现美的眼睛”，如果你用欣赏的眼光，赞赏的眼光去看待周围的一切，周围的一切就会变得美好，而你用挑剔、冷漠的眼光看待，则是相反的景象。

有一个词在国外的使用频率非常之高——“Congratulation”，翻译成中文就是“祝贺”的意思。这个词很长，但是在国外，很多人都能将它说得很熟练，家人之间、朋友之间、同事之间，往往也会因为一点小成绩、一点小进步而祝贺。为什么祝贺呢？因为他们能发现有可祝贺的事情，他们眼中有美，他们眼中有对家人、朋友、同事的关爱。但是，想一下我们自己，是否具备这种祝贺的意识呢？我们是否善于发现别人的美丽和进步，尤其是在竞争对手之间，有没有发自内心的为他们的成就而喝彩呢？

现实生活中，由于竞争的原因，看到别人所取得的成绩时，自己心里总是酸溜溜的，这也是一种正常的心理反映。但是，你一定要学会坦然面对，而不是总是想方设法地去发现别人的缺点，进而通过贬低别人来抬高自己。殊不知，这样做的结果一定是劳而无功的。在我们为弄清对方的缺点而焦虑、费神的时候，对方已经与我们拉开了距离。如此，我们已经浪费掉了一部分精力去和对方公平的竞争。其实，只要我们知道对方比我们强在哪里，双方之间有多大的差距就可以了。因为，最终让我们得到胜利的，不是对方的失误，而是我们的努力。只要我们比对手强，又何必去努力寻找别人的弱点呢？要知道，只有自己真的不如对方时，才会促使我们用放大镜去看他人的缺点，以此来增强自己脆弱的自尊心。

天生我才必有用，每个人都有自己独特的长处，你也有别人所无法比拟的成就和特色，这就是人与人之间所共存的、微妙的平衡关系。试着去喜欢别人，懂得去欣赏别人，才能更多地发现别人的优点，才能从他们身上汲取到提升自己的能量。最为重要的一点是，欣赏别人应该是真心的、不带任何偏见的。

反过来说，你只有懂得了去欣赏别人，别人才会欣赏你。人与人之间是存在着竞争关系的，这种竞争会形成促使我们向上的力量，但同时，我们也要看到团结、协作的重要性，尤其是在一个集体内，对方的优点、长处从总体上来讲，对集体是大有益处的，对你当然也就是有益的。人与人之间的竞争远没有你想象得那么凶险和惨烈，别人的上进对你自己的挤压作用也远没有你想象的那么严重，如果你一旦陷入对对方的对立态度，最后惨败的也许就是你自己。

有位老师走进了教室，在白板上点了一个黑点。他问班上的学生说："这是什么？"大家都异口同声说："一个黑点。"老师故作惊讶地说："只有一个黑点吗？这么大的白板大家都没有看见吗？"是的，每个人身上都是有缺点、有优点，你看到的那些又是什么呢？这完全取决于一个人的态度，面对同样的一个人，也许你会说他小气，别人却认为他节俭；你说他高傲自大，别人会认为他信念坚定；你说他城府太深，别人会认为他深谋远虑；你说他爱发脾气，别人会认为他情感丰富……

所以，从现在开始，如果你没有尝试过，那就试着去喜欢别人吧，也许会有一段意想不到的奇妙景色在等着你。

用欣赏的眼光看别人，就是要善于发现每个人身上的优点，由衷的尊重与赞美，曾有一句话"这个世界并不缺少美，而是缺少发现美的眼睛"，如果你用欣赏的眼光，赞赏的眼光去看待周围的一切，周围的一切就会变得美好，而你用挑剔、冷漠的眼光看待，则是相反的景象，世界的美好与否，全看你用哪一种眼光和心态，要想让别人如何对待你，你就要怎样对待别人。

生活中每个人如果都能做到用欣赏的眼光去看待每个人，那么他得到的将会是世界的真、善、美。如果人人都用欣赏的眼光去看待彼此，那么社会就少了勾心斗角、尔虞我诈，少了欺骗，少了险恶，少了对世态炎凉的叹息，而多了真挚情谊、团结和睦、多了平安，多了快乐，多了对社会和谐融洽的赞美。

信任他人，才能互信

一位哲人曾说过："如果一个人很难相信别人，那他不大可能拥有健康的人际关系。"这是因为，你不相信别人，就不可能赢得别人的信任，失去了别人的信任，人际关系自然就瓦解掉了。

《郁离子》中说："善疑人者，人亦疑之；善防人者，人亦防之；善疑人者，必不足于信；善防人者，必不足于智。知人之疑己而弗舍者，必其所存也；知人之防己而不避者，必有其所倚也。"意思是说，在与人交往的过程中，彼此间的信任是十分重要的，既然用人，就要充分地信任他。而诚实的人才也必定能够经得起别人的怀疑，所以如果知道别人怀疑自己却不肯舍弃，这种人才必定有他存在的必要；知道别人提防自己却不躲避，这种人才必定有他可依赖的地方。一般来说，"疑人不用，用人不疑"是人际交往中的重要原则。

一个星期六，员工们都在家休息，美国休一帕公司的管理者比尔却悄悄地来到属下的一个工厂巡视。当他发现工厂里的实验室库房区上了锁时，便立刻跑到维修班，找到一把螺丝刀，把库房门上的锁给撬了下来。

星期一早上，上班的员工们读到了他留下的一张字条："永远不要将此门锁上，谢谢。"

休一帕公司对自己雇员的信任充分体现在"实验室库房开放政策"之上：公司的工程师和其他员工不仅可以自由出入库房取用物品，而且他们被鼓励将零部件带回家供个人或家庭使用。管理者说："这样做的理由是，不论他们拿这些零部件或设备做什么用，也不论是否与他们的工作有关，只要他们在这些零部件或设备上下工夫，或者在公司，或者在家里，他们就会学到东西，从而加强公司的技术革新能力。"

由此可见，信任在公司的管理中起着强有力的作用。让自己的员工全心全意投入到工作中去，这在很多时候并不是一件太难的事情——即管理者只需对员工表示出充分的信任即可。正如休一帕公司的管理者比尔所言，“现代企业的领导者必须信任员工，也必须赢得员工的信任，否则，企业的生存和发展便会受到巨大的影响。”

事实上，不仅管理与被管理者之间需要信任，在普通人之间，尤其是在朋友之间更需要信任。友谊的基础是信任，没有信任的友谊就如建在沙堆上的楼房，不用多久就会倒塌。要想获得他人的友谊，第一步就是要建立起彼此间的信任感。

公元前4世纪，在意大利，有一个名叫皮斯阿司的年轻人触犯了国王。皮斯阿司被判绞刑，在某个法定的日子要被处死。

皮斯阿司是个孝子，在临死之前，他希望能与远在百里之外的母亲见最后一面，以表达他对母亲的歉意，因为他不能为母亲养老送终了。他的这一要求被告知了国王。

国王感其诚孝，决定让皮斯阿司回家与母亲相见，但条件是皮斯阿司必须找一个人来替他坐牢，否则他的愿望只能是镜中花、水中月。这是一个看似简单、其实却不太可能实现的条件。有谁肯冒着被杀头的危险去替别人坐牢呢？这岂不是自寻死路。但是，皮斯阿司的朋友达蒙却不这么想，他心甘情愿地替皮斯阿司坐牢。

达蒙住进牢房以后，皮斯阿司回家与母亲诀别。人们都静静地看着事态的发展。日子如水，皮斯阿司一去不回头。眼看刑期在即，皮斯阿司也没有回来的迹象。人们一时间议论纷纷，都说达蒙上了皮斯阿司的当。

行刑日是个雨天，当达蒙被押赴刑场之时，围观的人都在笑他的愚蠢，那真叫愚不可及，幸灾乐祸的人大有人在。但刑车上的达蒙，不但面无惧色，反而有一种慷慨赴死的豪情。

追魂炮被点燃了，绞索也已经挂在达蒙的脖子上。有胆小的人吓得紧闭了双眼，他们在内心深出为达蒙深深地惋惜，并痛恨那个出卖朋友的小人皮斯阿司。

但是，就在这千钧一发之际，在萧瑟的风雨中，皮斯阿司飞奔而来，他高喊着："我回来了！我回来了！"

这真是人世间最感人的一幕，大多数人都以为自己在梦中，但事实不容怀疑。这个消息宛如长了翅膀，很快便传到了国王的耳中。国王闻听此言，也以为这是痴人说梦。国王亲自赶到刑场，他要亲眼看一看自己优秀的子民。最终，国王万分喜悦地为皮斯阿司松了绑，并亲口赦免了他的罪行。

由此可见，朋友之间的信任是多么珍贵、多么重要。其实，在现实生活中，每个人也都希望别人信任自己，因为信任他人能给人带来尊重、荣誉等精神方面的财富。那么，赢得他人信任的方法又是什么呢？那就是信任，即以信任赢得信任。倘若你迟迟不敢去信任一个值得你信任的人，那你就永远不能获得爱的甘甜和人间的温暖，你的一生也将会因此而黯淡无光。

但是，信任别人也是有学问的。倘若你信任你所见到的每一个人，那你就是一个傻瓜；倘若你只信任那些能够讨你欢心的人，那是毫无意义的；倘若你毫不犹疑、匆匆忙忙地去信任一个人，那你就可能也会那么快地被你所信任的那个人背弃；倘若你只是出于某种肤浅的需要去信任一个人，那么接踵而来的可能就是恼人的猜忌和背叛。

《出师表》里有这样的一句话："亲贤臣，远小人，此先汉所以兴隆也；亲小人，远贤臣，此后汉所以倾颓也。"诸葛亮从两种截然相反的结果中为我们提供了信任对象的品格。这条贤臣与小人的定律也可应用到现实生活中。当然，"小人"与"贤臣"不会写在脸上，还要我们用心去判断。

生活需要记忆更需要忘记

一位哲人曾经说过："学会忘记的理论如同凤凰涅槃，获得的将是重生。"学会遗忘是一种洒脱、一种风度，善于遗忘，便是一种成熟，一种奋起，一种超脱，一种豁达的气概。

每一天都是崭新的，从来就没有一模一样的一天，无论你是在家对着电脑、电视或者书本，还是在单位上班，在学校学习。即使你常常认为日复一日、年复一年，每天都是一个样，生活馈赠于你的永远是不同的烦恼、不同的快乐、不同的收获，因此，每一天都是崭新的。而人生也不可能永远一帆风顺，不如意事十有八九。朋友之间，同事之间，亲人之间，乃至夫妻之间，都会不可避免地产生这样、那样的不愉快和矛盾，这些不愉快和矛盾累积在一起，便会形成一座大山，压得自己喘不过气来。

所以，我们每个人很有必要对头脑中储存的东西，给予及时过滤，把该保留的保留下来，把不该保留的坚定地抛弃掉。那些总是给人带来负面影响的因素，更要毫不留情地去剔除、去遗忘。只有学会遗忘，人才能过得更快乐、洒脱一些。

生活需要记忆。记住经验，记住关怀，记住友谊，记住爱情，但生活也需要遗忘。遗忘，并非是简单地对过去的抹去和背叛，而是把往昔的喜怒哀乐沉淀于心底，更好地主宰自己的命运，把握未来。学会遗忘，走出烦恼的泥潭，便会倍感生命的可贵，生活的绚丽，从而让生命更富于朝气和力量。

人生有太多的幸福需要我们去感受，人生有太多的感情需要我们去珍惜，人生有太多的不如意需要我们去遗忘。只有学会遗忘，才能真正感受幸福，也才能更加珍惜感情。有人说，生活犹如一枚绿橄榄，慢慢咀嚼，既有清泉般的甘醇，也有难以诉说的苦涩。如何去坦然面对这迎

面而来的一切，人人都有自己的方法。而只有让自己保持身心愉悦，热爱生活的方法才不失为一种好方法。学会遗忘，确实是一种处世方略。我们不妨来看看这样一个小故事：

阿拉伯著名作家阿里，有一次和吉伯、马沙两位朋友一起旅行。三人行经一处山谷时，马沙失足滑落。幸而吉伯拼命拉他，才将他救起。马沙于是在附近的大石头上刻下了：“某年某月某日，吉伯救了马沙一命。”三人继续走了几天，来到一处河边，吉伯跟马沙为一件小事吵起来，吉伯一气之下打了马沙一耳光。马沙跑到沙滩上写下：“某年某月某日，吉伯打了马沙一耳光。”当他们旅游回来后，阿里好奇地问马沙为什么要把吉伯救他的事刻在石上，将吉伯打他的事写在沙上？马沙回答：“我永远都感激吉伯救我，我会记住的。至于他打我的事，我只随着沙滩上字迹的消失，而忘得一干二净。”

我们每个人是不是也应该像马沙那样？遗忘一次不重要的误会，遗忘一次不愉快的争吵，遗忘一段尴尬的情缘，遗忘一段难堪的往事……是的，遗忘会使人更加豁达、大度，许许多多的误会、怨恨常常都会因为遗忘而冰释。遗忘就像一首诗，读起来使人动情，能慰藉受伤的心灵，能让烦恼成为过眼的云烟，能让狂躁的心平静得没有一丝涟漪。

对于一个明智的女人来说，更要学会遗忘，这样才能使自己更加幸福。要遗忘生活中的忧愁，让快乐占据自己的思维空间。忘记了忧愁，就可以舒展紧皱的眉头，担忧的脸庞。平日里所有的不公平，所有的不愉快也都会随风而去，人就会变的明朗了，就像被乌云掩盖的天，突然湛蓝了起来。

女人的感情往往都是脆弱的，当爱已成往事，更应学会遗忘。也许是你们有缘无份，也许是你或他的一厢情愿，也许是在错误的时间遇上了对的人，让你们彼此错过，今生不能成为相互守候的人。也许你会说，遗忘掉曾经那么美好的感情是一件非常困难的事，但是无论如何，你都不可以沉浸其中，难以自拔，从而伤害了那些爱你的人。如果真的遗忘不了，也要把他深藏在一个不容易记起的角落，珍惜现在拥有的，你会更幸福更快乐，也是对现在、对未来的一种尊重。

让友谊历久弥香

如果说友谊是一颗常青树，那么，浇灌它的必定是出自心田的清泉；如果说友谊是一朵开不败的鲜花，那么，照耀它的必定是从心中升起的太阳。

行走在人生的道路上，有多少笑声都是友谊唤起的，有多少眼泪都是友谊揩干的？友谊是一片照射在冬日的阳光，使贫病交加的人感到人间的温暖；友谊是一泓出现在沙漠里的泉水，使濒临绝境的人重新燃起生活的希望；友谊是一首飘荡在夜空的歌谣，使孤苦无依的人获得心灵的慰藉。

友谊的港湾温情脉脉，友谊的清风灌满征帆。友谊不是感情的投资，它不需要股息和分红。朋友则是抵抗忧愁、不愉快和恐惧的保卫者。多年前，英国《泰晤士报》出了一个题目，公开征求答案。题目是：从伦敦到罗马，最短的道路是什么？很多人从地理位置上找答案，结果都落选了。只有一个获奖答案，那就是："一个好朋友。"是的，有一个好友相伴，沿途说说笑笑，不仅不会嫌路长，甚至还会说此路太短。意大利人文主义作家薄伽丘曾说："在智慧提供给整个人生的一切幸福之中，以获得友谊为最重要。"

但是，人与人之间必须靠耐性来维持和谐，友谊如同一朵小花，必须靠双方小心的培育。在生活中，我们每个人都希望拥有自己的一片小天地，所以，好朋友之间也要相互尊重，不能误入禁区。

第一，不要不守约定，随便反悔，使朋友对你产生不信赖感。也许你不那么看重朋友间的某些约定，对于朋友们的活动总是迟到，对于朋友之求当时爽快应承，过后又中途变卦。也许你真有事情耽误了一次约好的聚会或没完成朋友相托之事，也许你事后轻描淡写解释一二，认为朋友间应当相互谅解宽容，区区小事何足挂齿。殊不知朋友会因你失约而心急火燎，扫兴而去。虽然他们当面不会指责，但必定会认为你在玩弄朋友的友情，是在逢场作戏，是反复无常、不可信赖之辈。所以，对朋友之约或之托，一定要慎重对待，遵时守约，要一诺千金，切不可言而失信。

第二，不要违背契约，使朋友对你产生防范心理。朋友之间最不注意的是对朋友的物品处理不慎，常以为"朋友间何分彼此"，对朋友之物，不经许可便擅自拿用，不加爱惜，有时迟还或不还，如果是一次两次，对方碍于情面，可能不好意思指责，久而久之会使朋友认为你过于放肆，产生防范心理。实际上，朋友之间除了友情，还有一种微妙的契约关系。以实物而言，你和朋友之物都可随时借用，这是超出一般人关系之处，然而你与朋友对彼此之物首先有一个观念："这是朋友之物，更当加倍珍惜。""亲兄弟，明算账。"注重礼尚往来的规矩，要把珍重朋友之物看做如珍重友情一样重要。

第三，不要打扰对方的私生活，使朋友对你感到厌恶。当你上朋友家拜访时，若遇上朋友正在读书、学习，或正在接待客人，或正和恋人相会，或正准备外出等，一定要反应迅速，稍稍寒暄几句就知趣地告辞。相反，如果你自恃挚友，不顾时间场合，不看朋友脸色，一坐半天，夸夸其谈，喧宾夺主，就会让朋友感到如坐针毡，极不耐烦，甚至认为你太没有教养，不识时务，不近人情，以后就会想方设法躲避你，害怕你再打扰他的私生活。所以，我们要时刻谨记，珍惜朋友的时间和尊重朋友的私生活如同珍重友情一样可贵。

第四，不要为了表现自己，使朋友的自尊心受到伤害。也许你与朋友之间无话不谈，十分投机。也许你的才学、相貌、家庭、前途等令人羡慕，高出你朋友一头，而你不分场合，尤其与朋友在一起时，大露锋芒，表现自己，言谈之中会流露出一种优越感，这样会使朋友感到你在居高临下对他说话，在有意炫耀抬高自己，他的自尊心受到挫伤，不由产生敬而远之的意念。所以，在与朋友交往时，要控制情绪，保持理智平衡，态度谦逊，虚怀若谷，把自己放在与人平等的地位，注意照顾对方的自尊。

第五，不要言辞尖刻，乱寻开心，使朋友感到你可恶可憎。有时你在大庭广众面前，为炫耀自己能言善辩，或为哗众取宠逗人一乐，或为表示与朋友之“亲密”，乱用尖刻词语，尽情挖苦嘲笑讽刺朋友或旁人，大出其洋相以搏人大笑，获取一时之快意，竟不知这会大伤和气，使朋友感到人格受辱，认为你变得如此可恨可恶，后悔误交了你。也许你还无所谓，会说朋友之间开个玩笑何必当真，殊不知你已先损伤了朋友之情。所以，朋友相处，尤其在众人面前，应和蔼相待，互敬、互慕、互尊，切勿乱开玩笑，用恶语伤人。

第六，不要乘人不备，强行索求，使朋友认为你太无理、霸道。当你有事需求人时，朋友当然是第一人选，可你事先不作通知，临时登门提出所求，或不顾朋友是否情愿，强行拉他与你同去参加某项活动，这都会使朋友感到左右为难。他如果已有活动安排不便改变就更难堪。对你所求，若答应则打乱自己的计划，如果拒绝又在情面上过意不去。或许他表面乐意而为，但心中就有几分不快，认为你太霸道、不讲道理。所以，你对朋友有求时，必须事先告知，采取商量口吻讲话，尽量在朋友无事或情愿的前提下提出所求。己所不欲，勿施于人。

第七，不要爱占小便宜，使朋友认为你是吝啬之人。你可能在择友交友时，认为朋友以友情胜于一切，何必计较经济得失，金钱不能使友情牢固。这种思想使你与朋友相处时显得过于拮据，事事不出分文；或患得患失，唯恐吃亏。对朋友所馈慨然而受，自己却一毛不拔，这会使朋友感到你视金如命，是吝啬之人。所以朋友之交，过于拮据显得悭吝小气，而慷慨大方则显得豪爽大度，它会使友情牢固。

与人交往，特别是和熟悉的人交往时，我们常常忘记了人与人之间交往的潜规则，认为朋友之间不必太在意一些细节。殊不知，事无巨细，也许正是这些细节影响了你和朋友之间的关系，加深了你和朋友之间的误会。当然了，我们并不是说朋友之间在一切情况下都僵守那些不必要的烦琐的礼仪，而是强调好友之间应该相互尊重，不能跨人对方的禁区，否则就很容易引起隔阂和冲突。

古人说："无规矩，不成方圆。"这句话看似简单，其实却蕴涵着深刻的道理。它要求我们无论做什么事，都要遵守一定的规则，朋友之间也是如此。友谊是美酒，年份愈久，就愈醇香浓厚，让我们用心记下朋友之间的相处之道，让友谊之花绽放得更加美丽、灿烂。

第八章
驰骋职场：你的优雅气质值百万

优雅的气质是一件永远穿不破的美丽衣裳，它使女人永远时尚美丽、温馨、浪漫。这种气质来源于知识、来源于劳动、来源于善良、来源于自信。它不会随着时光流逝，它是一种永不褪色的美丽。在职场中，这种气质是女性最好的名片，它可以让你在职场中畅通无阻。

独立的女人更有魅力

很多女人都甘愿做男人怀中的波斯猫，生活无忧无虑，无牵无挂，其实这是一种目光短视的表现，懂得生活真谛的女人会明白自己拥有一定的事业才是爱情美满，生活幸福的保障。

每个结了婚的女人都想让丈夫永远迷恋自己，但是往往事与愿违。男女之间结婚以后，就会产生彼此依赖的相属感，有心理学家指出，夫妻间的相属感，几乎是婚姻中的“险滩”，原因在于其感情过于稳定，几乎近于麻木，妻子在丈夫眼中也逐渐失去了魅力。有“心计”的女人知道婚姻也是需要经营的，其实女人婚后魅力长存的秘诀就在于拥有自己事业来培养自己的独立人格，进而在丈夫心目中显现出独特的魅力。

说到魅力，女人往往联想到自己的外表，于是有些人就要长吁短叹起来，因为他们深知自己相貌平平，心底里早已有了一些自卑。加上结婚、怀孕、生孩子，青春易逝，心里更不是滋味。其实以为自己相貌平平便无魅力可言的想法，是一个很大的错误。

小王和小兰是大学里的同学，两人都出类拔萃，也因此发生了恋情。毕业后，两人成了家，小王继续攻读研究生，小兰则一边工作，一边很自然地挑起了家务，照顾孩子。每当小王有了一项新发现，望着妻子那满意的微笑，便涌出一股对妻子的爱恋和感激混杂的感情，禁不住说：“难为你了。”

渐渐地，小王在学术界崭露头角。他终日忙碌着准备一篇过硬的学位论文参加答辩，而对小兰的辛勤照顾却越来越受之泰然，甚至没注意到妻子做饭洗衣而皴裂的手。有时，妻子看他苦苦思索一个问题而找不到答案时，关心地询问他，想像从前一样帮助他探讨，他发现很难跟妻子说清楚这些过于高深的理论问题，只好摆摆手："算了！让我自己想吧。"小兰默默地走到一边去了，意识到她与他的距离之差在递增。

有一天，小兰忽然宣布了一个令他大吃一惊的消息："我已报名参加研究生考试。""为什么？""不为什么，只是想再进一步。"

我们相信小兰的选择是迫不得已的事，但对一个不善察妻子心理变化的丈夫，她的报考硕士生无疑是正确的选择。

半个世纪前，鲁迅在小说《伤逝》中，写了子娟和涓生这一对情侣的爱情分崩离析时说过这样一句话："爱情要不断更新、发展、创造！"

开拓新境界，可以战胜"年老色衰"的心理和生理因素，给生命带来活力。

《中国妇女》杂志 1987 年 9 期上发表一文章说，三年前作者回河北老家探亲，见到表妹，险些哭出来。她原是个天真烂漫的少女，虽是农家女，那细嫩的皮肤，一碰，几乎能碰出水来。不料，婚后竟苍老得吓人。额头布满了皱纹，腰也弯了。每日早起晚睡，侍候公婆、丈夫、孩子，还要下地干活，像个被抽得团团转的陀螺，无片刻歇息的时候。住了三天，她只说了一句话，还是切菜时说的，她说："我命苦，才托生个女人。"

这年初，作者又见到了表妹，觉得她像换了一个人似的，再也没有那老气横秋的样子，充满了精力，充满了喜气。原来，她已当上自办的刺绣厂副厂长，到处联系业务，忙得很。现在她成了家庭的经济大梁，比丈夫挣的钱多上几倍，每天公公、婆婆、丈夫抢着做家务，她快成了家里的"国王"了。

这位"表妹"的衰老哪里去了？开放改革以后，她在新时代中开拓新境，不仅赢得社会的承认，同时一扫过往生活中的晦丧之气，成了事业有成的女强人。

当然，赚到钱并不等于实现了目的，女性也可以在更广阔的社会人生中寻找自己，实现更高的人生价值。

女性们应多发展些兴趣和爱好，在事业上也要有自己的立足点。尽管错杂纷纭的生活不可能令每个奋斗中的人都成为赢家，但美在过程，美在你的一生有一个充实向上的人生。

聪明的女人会明白，女人光靠涂脂抹粉是留不住魅力的。魅力在于内在气质的闪烁，在于人格的造就，在于事业的努力追求。所以，女人要有独立人格，不依附男人，也不必一直依附丈夫，要走自己的路，这样才获得幸福的长久青睐。

女人应当不断给自己“充电”

富有知性的女人最美丽，女人千万不要忘记为自己充电，一个充满智慧、谈吐优雅的女性永远是生活的宠儿。

智慧是一个女人通往人生幸福和快乐的心灵之路，通过它的每一个女人都能在充满希望和期待的人生岁月里，享受到生活的温馨和甜蜜。

女人的智慧不仅仅是常识，不仅仅是知识，不仅仅是聪明，也不仅仅是经验。她们的智慧是站在常识、知识、聪明和经验的台阶上，观察这个世界时所睁大的那双充满欣赏和不断有所发现的眼睛，是将这个美丽世界纳入其中、融入心灵时绽放的感悟的花朵。

现代社会竞争异常激烈，女人不但在和女人竞争，同时也在和强大的异性竞争，女人若想成就一番事业，就必须把自己当做“蓄电池”，要不断给自己充电，边工作，边学习，不断充实新知识、掌握新技能、了解新信息。只有具备真才实学和专长，才能为自己的成功事业不断增加砝码。

美籍华人李玲瑶在学生时代，就以好学上进、勇敢干练、聪颖智慧而著称，加上开朗的性格，受到老师的欣赏和同学的拥戴，并常被邀请去电台、电视台主持节目。台湾一家著名杂志称她为“美得耀眼的女生”。中美尚未建交期间，她在华盛顿担任全美华人协会华盛顿分会负责人。1979年，邓小平访美时，她和杨振宁一样，是接待小组成员；中美建交仪式上，她是少数被邀请到白宫观礼的华人代表之一；在中美建交华人庆祝大会上，李玲瑶担任大会司仪。在美国读完计算机学位后，在硅谷做了八年的资深电脑分析员。同时，她丈夫——台湾清华大学高材生胡公明完成了核物理方面的深造，成为一个颇有造诣的核子工程博士，服务于著名的通用电气公司。

1980年，他们决定开创自己的事业，在硅谷创办公司。不到两年，他们实现了自己的第一步目标，成为百万富翁。同时，公司也从高科技领域扩展到房地产和进出口贸易领域，并在北京、香港等地建立了办事处。此时的李玲瑶从一个纯粹的文化人发展成为一个蓬勃发展的企业家。1984年，李玲瑶被邀请回国参加国庆35周年庆典，她决定在内地投资，并说服不少在美华人来祖国投资或为祖国引进新技术。

与此同时，她感觉到自己在经济理论方面的不足。于是，在她48岁的时候，她重新进入学校学习，每次上课都坐在第一排的正中间，从不落一次课，认认真真做每一份习题论文。同时，李玲瑶还自学了经济学本科方面的所有课程，硕士加博士的5年，她读完了经济学9年的课程之后，她又上北大学习，并戴上了北大博士帽，她的事业也越来越成功。

在现实生活中，许多女人都在追求一种“永恒”的东西。世上有没有“永恒”？有，变化就是永恒。为了让我们不至于被时代的车轮碾碎，必须把自己当做“蓄电池”，要不断给自己充电，这才是女人们在竞争激烈社会的生存之道。

苏东坡说过的“腹有诗书气自华”，恰恰可以根治俗话所说的：“百病皆可治，俗气没药医。”一个女人想要不俗，的确唯有借助文化素养来突破和完善自己，让自己在美的层次上升级。没有人能够否认漂亮脸蛋和魔鬼身材的美丽和性感，但是如果不能兼具气质、内涵和头脑，仍感缺憾和不足。因此，痛下文化进修的功夫乃当务之急。倘若文化是一袭衣装的话，当然，每个人应视自己的兴趣、爱好和机缘来为自己好好量身剪裁。

“活到老，学到老”这句话对于现在的女性来说，有着更深一层的意味。特别是作为白领丽人，如果没有过硬的职场拼杀本领，在人们眼里就难免留下靠脸蛋混饭吃的印象。如果脸蛋再靠不住，职场的位置可就“风雨飘摇”了。无论是拿出业余时间去深造，还是在工作中不断学习，作为职场女性，我们都应该展开思索与行动，为自己量身打造一个充电计划，并最终拥有纵横职场的能力。

世界每天都在变化，新的事物，新的技术都在不断地涌现。想要取得成功的女人就应该懂得不断充实自己，掌握新的知识，淘汰旧的知识，以此来捕捉这些变化，跟随这些变化。满足于现状，停留在原地不动的女人，总有一天会被这个时代抛弃。只有那种好学上进的女人，才会从一个成功迈向另一个成功。

成功靠努力，不是靠运气

所有女人都梦想成功，但不是依靠梦想就能成功，不是光凭运气就能成功，也不是依靠他人就能成功。成功是一串看得见的努力，成功是女人努力拼搏的结果。

女人若想获得人生的幸福，拥有一定的事业基础是前提之一，但需要注意的是，女人的成功不是天上掉下来的，它需要女人依靠自己的努力去争取，用自己的双手去创造属于自己的幸福生活。

在市场经济日益发达的今天，女人创业已不再是新闻，以创办“玛莎生活”综合传媒而闻名于世的斯图沃特女士，便是其中的佼佼者。

玛莎·斯图沃特在建立家庭之后，并未放弃自己的事业和理想，而且凭借着卓越才能打入华尔街，并迅速崭露头角。尔后她又进入餐饮服务业发展，靠着在这一行积累的丰富经验，斯图沃特1982年创作出版了她的第一部书《宴会款待》。

1990年，美国时代华纳公司开始尝试投资小型个人企业，收购了斯图沃特经营的杂志。然而她并不满足于在这个传媒巨头旗下做一名小雇员，一个包揽图书、电视网络、广播、互联网等所有传播手段的传媒帝国的宏伟蓝图在她头脑中逐渐形成。但是时代华纳却对她的庞大计划并没有投资兴趣，斯图沃特则坚定地相信这一计划的可行性。“不能守株待兔，错失独立创业的良机”，斯图沃特当机立断，决定主动出击。

1997年，她终于千方百计筹够了数百万美元的巨额资金，从时代华纳公司重新购回《玛莎·斯图沃特生活》杂志的控股权自行经营，开始向着她打造传媒帝国的梦想进军。

仅仅五年，从经营一本妇女杂志起家的“玛莎生活”综合传媒有限公司如今已将触角伸到传媒界每一个角落，成为平均每月拥有8800万受众的多元化传媒帝国。

1999年10月19日，“玛莎生活”综合传媒有限公司第一天上市就创下惊人成绩，股价从每股18美元直线上升至35.56美元，这意味着不到24小时，斯图沃特的个人资产已经跃至十几亿，而她也在转眼之间成了赫赫有名的美国第二大白手起家的女富豪。

如今，已步入花甲之年的斯图沃特一直坚持亲力亲为，不忽视任何细节。受其影响，公司上下所有人都形成了充满激情、一丝不苟的工作作风。

玛莎·斯图沃特的事迹告诉我们，女人可以拥有自己的事业，可以做到和男人一样出色，甚至比男人更出色。而像玛莎·斯图沃特这样的成功女性，在今天说来并不是少数。

2000年《中国妇女报》和中国社会调查中心评选出了几位女性企业风云人物。入选者有：

香港阳光文化网络电视集团主席杨澜、珠海格力电器股份有限公司总经理董明珠、TCL信息产业集团公司总裁吴士宏、香港金利来集团大中华地区行政总裁胡冰心、广西金嗓子有限责任公司董事长江佩珍、香江集团总裁翟美卿、重庆瀛丹物业集团董事长张瀛丹、天津天士力集团总裁吴峰、福建新大陆科技集团董事长王晶。

杨澜在北京举行的中国企业成功女性大会上的发言中说："在信息时代，女性获得企业领导地位的机会比在传统工业中更多，她们在企业的内外沟通能力、团队协作的精神及对市场个性化要求的敏感性都更强。"

在欧洲及新西兰有不少女政治家甚至是国家元首，而她们的丈夫则有些默默无闻，有些甚至没有固定的工作。所有这些都向人们证明着女性不再是男人的附属品，不是他们身体的一部分，而是一个独立的能够创造出巨大价值的个体。

不要吝啬自己的微笑

如果说人生犹如一叶方舟在生活的海浪中飘摇，那么，微笑好比是扬起来的风帆，它会指引我们前进，寻找到属于自己幸福的彼岸！

微笑能够缩短人与人之间的距离，也能缝合人们误会的伤口。微笑是一种艺术，一种充满人情味的艺术。改变原来的谈话方式，以微笑的方式交流，你会收获很多。在人际交往中，保持诚挚的微笑，可以被视作“参与社交的通行证”，至少有以下几个方面的作用：

表现出良好的心境。面露平和、欢愉的微笑，说明此人心情愉快，充实满足，乐观向上，善待人生，这样的人才会产生吸引别人的魅力。

表现出自信。面带微笑，表明此人对自己的能力有充分的信心，以不卑不亢的态度与人交往，容易使人产生信任感。

表现出真诚和友善。微笑可以反映出一个人心底坦荡，善良友好，待人真心实意，而非虚情假意，使人在与其交往中自然放松，不知不觉地缩短了心理距离。

表现乐业敬业。在自己的工作岗位上保持微笑，可以说明此人热爱本职工作，乐于恪尽职守。如若在服务行业，微笑更能凸显出它神奇的作用，让服务对象倍感愉快和温暖。

在一次大型的国际车展上，一位来自东南亚的富翁逛了半天，始终都没有发现令自己满意的车。突然，他发现展会中心有一辆造型很独特的车，别人对这种造型的车都不太感兴趣，但这辆车很符合这位富翁的口味，他围着车转来转去地看了好几遍。等富翁停下来时，站在车旁的推销员走近富翁，并向富翁介绍了这辆车的性能、产地、价钱等基本情况。富翁本来很想买这辆车，但看到推销员脸上冷冰冰的没有一丝笑容的表情，立即改变了主意，富翁走开了。

刚走几步，富翁就看到了和刚才那辆一模一样的车，只是颜色稍有不同。这辆车的推销员马上走过去热情地向他介绍了该车的基本情况，说的大致跟前面那个推销员差不多。唯一不同的是，这位推销员自始至终都面带亲切的微笑。这微笑也感染了富翁，富翁的心情一下子就好了起来，他爽快地对推销员说："我想买这辆车。""没问题，我们会为您提供最优质的服务！"这位推销员依然面带微笑地说。

这位富翁当即交了定金，临走前，他对这位推销员说："你知道我问什么买你的车吗？这是因为你的微笑打动了我。我喜欢人们表现出一种他们非常喜欢我的样子，现在你已经用微笑向我表现出来了。在这次展览会上，你是唯一让我感到我是受欢迎的人。"没过几天，这位富翁带着一张支票回来，购下了这辆价值200万美元的轿车。

总之，微笑能建立人与人之间的好感，它是疲倦者的休息室，沮丧者的兴奋剂，悲哀者的阳光。在人际交往中，保持微笑的重要性是不言而喻的，它会使你成为一个最受欢迎的和最会办事的人。

人生如画，即使笔法再纯熟，也不可能尽善尽美；人生如诗，即使文笔再华美，也掩饰不住内心的急躁；人生如歌，即使旋律再优美，也不能保证每个音符都圆润动耳。如果微笑能够真正地伴随着我们生命的整个过程，甚至可以使我们超越很多自身的局限，获得更多人生真正的意义，使我们的生命由始至终生机勃发、辉煌璀璨。面对生活，我们应该微笑；面对挫折，我们应该微笑；面对他人，我们更应该微笑，因为你的微笑可以给人以温暖，可以使一个人更加充满激情，充满自信地面对生活，可以说是用来鼓励别人的"武器"。当身边的朋友失意时，我们一定要微笑着对朋友说："抬起头，擦干泪，重拾心情，展现笑容，给自己一个微笑，相信自己会成功。"

人的心往往是最柔软、最敏感的东西，它是很容易被感动的，而感动一个人的心，不必全靠慷慨的施舍，巨大的投入。更多时候，一句热情的问候，一个甜美的微笑，就足以在他人的心灵中洒下一片阳光的种子。所以，一定不要低估了一个微笑的作用，它很可能使一个不相识甚至是与你敌对的人走进你的生命，甚至爱上你，成为你开启幸福之门的一把钥匙，成为指引你进入柳暗花明之境的一盏明灯。

幽默是女性的通行证

幽默是一种智慧，有一种穿透尴尬的能力，让内疚和愤怒消弭于无形。在人际关系中，女人可以尝试着幽默一下，创造出轻松的气氛，这也有助于提高你的人气。

每当遭遇尴尬或耽于平淡，聪明的女人总是知道运用幽默来进行调剂。这不但会使你与周围人的思想情感接近一些，也许还会给你的人生际遇带来某种意想不到的收获。

有人说女人不懂得幽默，这是一个十分错误的说法。实际上，有些女人不但十分懂得幽默，而且也十分会运用幽默。世界上第一位女大使柯伦泰就是最会用幽默来给自己争取优势的一个。

柯伦泰曾被任命为前苏联驻挪威全权贸易代表。一次，她和挪威商人谈判购买挪威鲱鱼，挪威商人出价高得惊人，她的出价低得让人意外。双方开始讨价还价，在激烈的争辩中，双方都试图削弱对方的信心，互不让步，谈判陷入僵局，最后柯伦泰笑笑说："好吧，我同意你所提出的价格。如果我们政府不批准这个价格，我愿意用自己的工资来支付差额。但是，自然要分期支付，可能要支付一辈子了。"挪威商人听她这么一说，觉得她很有趣，也实在是无计可施了，只好同意将鲱鱼的价格降到柯伦泰认可的水准。

曾经有人把幽默归结为一种魅力商数。的确是这样，一个女人如果拥有了幽默的特质，她不但会在不知不觉中自增魅力，而且也可以给她周围的环境带来一定程度的和谐气氛。因为，幽默的女人往往是通过笑的方式来弥补人际间的思想鸿沟，连接人际间的感情分界，增进人际间的信任，最终加速社会组织的内部机器和外部机器的正常运转。概而言之，幽默就是为了使人生活得更加和谐美好，提高人的生活品质和工作能力。

在人际交往中，只要幽默得体适时，就能够松弛神经、活跃气氛，创造出和谐美好的家庭般的环境。置身于这种环境，我们交往起来才能心情舒畅、精力充沛。

在一次贸易洽谈中，由于双方坚持自己的利益而不作任何让步，使洽谈陷入僵局。主人只好宣布休会。用餐时，主人为客人斟酒，手一抖，酒杯碰在客人额角，竟将酒浇了客人一头。当时的情形十分尴尬。公关小姐见状，从容地举起酒杯，对客人说：“让我们为我们双方的共同利益与友好合作，从头来干一杯！”主客一愣，随即会意地大笑。幽默缩短了双方的差距。在玩笑中，双方意识到了坐到一起来的原因，于是重新回到了谈判桌上，在互谅互让的友好气氛中开始了贸易洽谈。

人际关系在大多数情形中是较为平和的。即使人际间存在矛盾，不到万不得已，也无人愿意裸露它，而去自找烦恼。

在人际关系平淡的时候，如果想使相互的思想感情接近一些，我们不妨运用一下幽默，也许它会带来意想不到的好处。

假如有一位同事的工作搞得并不是很好，他又想让我们替他遮掩，也许会对我们说：“我知道，你是很懂得办事秘诀的，而且你也知道怎样保守秘密。”我们如果想帮助他把工作搞好，那么就可以幽默一下：“谢谢你把想法告诉了我。特别是在你目前处境欠佳的时刻，我更是感激。”如果能因此招来同事感激的一笑，人际关系就进入了一个新的层次。

在人际交往中，我们不时会遇到麻烦，此时便不免会急躁不安，在一时冲动中做出盲目决定，甚至会造成后患。发生这种情况时，如果周围的人能够以幽默的态度提醒一下，使我们的情绪降温，世界就会归于宁静平和。

一位旅游者骑摩托车出游，半途中油耗尽，恰好不远处有一个加油站。旅游者担心钱不够用，焦躁地对值班员说："我只有10块钱！"值班员轻松地回答说："没关系，星期四我们是不找钱的。"旅游者回头一看，加一次油原来只需8块钱。俩人于是都笑了。这一笑，便笑出了和谐与亲近。

和谐美好的人生，是我们追求的目标，然而事与愿违，生活并不一定能给予我们公正的回报，遇到这种情形，嫌弃型性格也许会耿耿于怀，一触即发，而人缘型性格，则会泰然处之，以幽默去消除敌意。

在公共汽车上，乘客与售票员发生了争吵，乘客抱怨售票员不提醒他，使他坐过了站。售票员解释自己报了站名，怪他没听见。乘客大怒，叫道："小姐，下车！"售票员不慌不忙地说："小姐不能下车，小姐下了车，谁来卖票呢？”乘客意识到了自己的疏忽和鲁莽，忍不住也笑了。车厢里于是形成了一路春风的温暖气氛。

幽默虽然能够促进人际关系的和谐，但运用不当，也会适得其反，破坏人际关系的平衡，激化潜在矛盾，造成冲突。

在一家饭店，一位顾客生气地对服务员嚷道：“这是怎么回事？这只鸡的腿怎么一条比另一条短一截？”服务员故作幽默地说：“那有什么！你到底是要吃它，还是要和它跳舞？”顾客十分生气，一场本来可以化为乌有的争吵便发生了。

幽默需要谨慎。一句得体的幽默，会使人际关系和谐融洽，而一句不合时宜的幽默也会恶化人际关系，导致人际交往的失败。得体的幽默带来的感情冲击，有足够的能量来消除人际间的误会和纷争。因此，幽默也是一种富有喜剧感染力和人情味的人际交往艺术。

失败不可怕，失去信心最可怕

在人生的战场上，如果失去了跌倒以后再爬起来的勇气，我们就只能得到彻底的失败。

在社会大舞台上，你不可能永远光彩照人地表演，如果你有一天不慎跌倒了，不要紧，振作起来，只要你不失去信心，不从此一蹶不振，你还有希望在舞台上风光地歌唱。记住，除了自己，没人能让你倒下。

英雄可以被毁灭，但是不能被击败；英雄的肉体可以被毁灭，可是英雄的精神和斗志则永远在战斗。有些人总是说：“我已经尝试过了，不幸的是我失败了。”其实他们可能没有搞清楚失败的真正含义。

大部分人在一生中都不会一帆风顺，难免会遭受挫折和不幸。但是成功者和失败者非常重要的一个区别就是在于：失败者总是把挫折当成失败，从而使每次挫折都会动摇他胜利的信念；成功者则是从不言败，在一次又一次挫折面前，总是对自己说：“我不是失败了，而是还没有成功。”一个暂时失利的人，如果继续努力，打算赢回来，那么他今天的失利，就不是真正的失败。相反的，如果他失去了再战斗的勇气，那就是真输了！

美国著名电台广播员莎莉·拉菲尔在她30年职业生涯中，曾经被辞退18次，可是她每次都放眼最高处，确立更远大的目标。最初由于美国大部分的无线电台认为女性不能吸引观众，没有一家电台愿意雇用她。

她好不容易在纽约的一家电台谋求到一份差事，不久又遭辞退，说她跟不上时代。莎莉并没有因此而灰心丧气。她总结了失败的教训之后，又向国家广播公司电台推销她的节目构想。这家电台勉强答应了，但提出要她先在政治台主持节目。“我对政治所知不多，恐怕很难成功。”她也一度犹豫，但坚定的信心促使她去大胆地尝试。她对广播早已经轻车熟路，于是她利用自己的长处和平易近人的性格，大谈即将到来的7月4日国庆节对她自己有何种意义，还请观众打电话来畅谈他们的感受。听众立刻对这个节目产生兴趣，她也因此而一举成名。

如今，莎莉·拉菲尔已经创办了自己的电视节目，并兼任主持人，还曾两度获得重要的主持人奖项。她说：“我被人辞退18次，本来可能被这些厄运吓退，做不成我想做的事情。结果相反，我让它们成为了鞭策我勇往直前的动力。”

有些人总把眼光拘泥于挫折的痛感之上，他就很难再抽出身来想一想自己下一步如何努力，最后如何成功。一个拳击运动员说：“当你的左眼被打伤时，右眼还得睁得大大的，才能够看清敌人，也才能够有机会还手。如果右眼同时闭上，那么不但右眼也要挨拳，恐怕连命都难保。”

拳击就是这样，即使面对对手无比强劲的攻击，你还是得睁大眼睛面对受伤的感觉，如果不是这样的话，一定会失败得更惨。其实人生又何尝不是这样呢?

大哲学家尼采说过：“受苦的人，没有悲观的权利。”已经受苦了，为什么还要被剥夺悲观的权利呢? 因为受苦的人，必须克服困境，悲伤和哭泣只能加重伤痛，所以不但不能悲观，而且要比别人更积极。在冰天雪地中历险的人都知道，凡是在途中说“我撑不下去了，让我躺下来喘口气”的同伴，很快就会死亡，因为当他不再走、不再动时，他的体温就会迅速地降低，接着很快就会被冻死。

勤奋和智慧缺一不可

甘心于平凡，女人就会波澜不惊的过完一生，而心中有理想的女人，将会为理想而奋斗不止，女人只要拥有了智慧和勤奋，心中的理想便才有可能实现。

智慧是什么? 智慧是才识和经验，是良好的工作习惯，是积极的人生态度，是独立自信的人格，活泼开朗的性格，是宽容豁达的胸怀，是左右逢源的人缘，是坚韧不拔的品质，是清新而持久的魅力，是呵护家庭生活美满温馨的一颗爱心……

遗传我们是不能改变的，但是我们可以在后天努力弥补自身的不足，学习工作和生活的智慧，学习做人和处世的智慧，通过学习来不断提高自己，完善自己，逐渐向自己理想的人生迈进。

在多年以前，吴士宏还只是一个护士。1985 年，她决定要到 IBM 去应聘。当时，IBM 的招聘地点在长城饭店，这是一个五星级的饭店——那个时候的五星级饭店可不像今天这样没有“地位”，因为现在的五星级饭店多了。试想，当年的吴士宏，一个连温饱都还没有完全解决的护士，来到长城这样的五星级饭店门口，心情怎么样?

她回忆说，在长城饭店门口，自己足足徘徊了五分钟，呆呆地看着那些各种肤色的人如何从容地迈上台阶，如何一点也不生疏地走进门去，就这样简简单单地进入另一个世界。她之所以徘徊了五分钟不敢进去，就是因为她的内心深处无法丈量自己与这道门之间距离。

经过一番思考，她最后当然进去了，否则就没有今天的吴士宏了。她是怎样突破这个障碍的呢?她就凭自己用一台收音机，花一年半时间学完了许国璋英语三年的课程。就凭这样的经历她也应该进去，当时的努力不就是为了这一天吗?她鼓足了勇气，迈着稳健的步伐，穿过威严的旋转门和内心的召唤，走进了当时世界最大的信息产业公司 IBM 公司的北京办事处。她的确是个人才，顺利地通过了两轮笔试和一轮口试，最后到了主考官面前，眼看就要大功告成了。

俗话说：阎王好见，小鬼难缠。现在已经见到了阎王，她好像什么也不怕了。主考官没有提什么难的问题，只是随口问：“你会不会打字?”

她本来不会打字但是本能告诉她，到了这个地步，还有什么不会呢?

她点点头，只说了一个字：“会!”“一分钟可以打多少个字?”“您的要求是多少?”“每分钟 120 字。”

她不经意地环视了一下四周，考场里没有发现一台打字机，马上就回答：“没问题!”主考官说：“好，下次录取时再加试打字!”她就这样过五关斩六将，顺利地通过了主考官的测试。

实际上，吴士宏从来没有摸过打字机。面试结束，她就飞快地跑去找一个朋友借 170 元钱买了一台打字机，就这样没日没夜地练习一个星期，居然达到专业打字员的水平。

她被录取了，但 IBM 公司却“忘记”考她的打字水平了，可是这 170 元钱，她好几个月才还清。她成了这家世界著名企业的一名普通员工，可是她扮演的不是白领，而是一位卑微的角色，主要工作是泡茶倒水，打扫卫生，用她自己的话说，“完全是脑袋以下的肢体劳动”。她为此感到很自卑，她把可以触摸传真机作为一种奢望，她所感到的安慰就是自己能够在一个可以解决温饱问题而又安全的地方做事。可是作为一位服务人员，这种心理平衡很快就被打破了。

一天，吴士宏推着平板车买办公用品回来，门卫把她拦在大门口，故意要检查外企工作证。她没有外企工作证，于是在大门口僵持了起来，进进出出的人就像看大街上耍猴的那样，个个都投来一种异样的目光：作为一位女性，她的内心充满了屈辱，充满了无奈，可是她知道这份工作得到不容易，没有发泄出来，可是她内心咬着牙齿在说：“我不能这样下去！”这是第一件事情，还有一件事情在她的内心深处留下很深的印象：

有个女职员资格很老，动不动就喜欢指使人给她办事，吴士宏就是她的主要指使对象。一天，这位女士叫着吴士宏的英语名字说：“Juliet，如果你想喝咖啡就请告诉我！”

吴士宏丈二和尚——摸不着头，不知这位自以为是的女士说什么。

这位女人说：“如果你喝我的咖啡，每次都请你把杯子的盖子盖好！”吴士宏本来是一个很会忍气吞声的人，这次女性的温柔全都不见了，因为她认为那女人把自己当成偷喝咖啡的小毛贼了，是一种人格上的侮辱。她顿时浑身颤栗，就像一头愤怒的狮子，把埋在内心的满腔怒火全部发泄了出来……

吴士宏想：有朝一日，我要去管公司里的任何一个人，不管他是外国人还是香港人！

勤奋加天资终于使吴士宏脱颖而出。最终，与她一起进IBM的，她第一个做了业务代表；她第一批成为本土的经理；她成为第一批赴美国本部进行战略研究的人；她第一个成为IBM华南地区总经理——也就是人们常说的“南天王”……

大概这些都没有多大意思，吴士宏还登上了IBM（中国）公司总经理的宝座。

吴士宏成功了，勤奋加天资使她登上了事业的巅峰。女人的名字并不天生是弱者，吴士宏的成功点明了女人并不比任何一个男人逊色多少。要想获得成功，勤奋和智慧缺一不可。要相信，世上每个女人都能成为有智慧的女人，每个有智慧的女人都可以拥有一个幸福的人生。

变通是一种处世大智慧

机敏变通是一种处世大智慧，这种智慧会让人受益匪浅。遇到问题，如果都能从积极的一面出发，多换几个角度思考，肯定都会有行之有效的解决方法。

有句话说得非常好："喜悦在生命转弯的地方。"意思是说，一个人，若太习惯于某个想法，或执着于某个非黑即白的绝对判断上，生活中就少了很多种可能性，他也就难以享受人生旅途上诸多美妙的惊喜。生活的乐趣是可以主动创造的，这就如同你在笔直前行的途中转个弯，探访一下不同的小径，或许就会发现一片美丽、开阔的风景，收获意外的美好。所以，为了更加精彩的人生，我们应学会变通。

比如，一阵猛烈的风吹过，芦苇弯下腰，顺风仰倒，幸免于被连根拔起。而橡树迎着风，尽力抵抗着狂风，结果却被刮倒在地。在人生的旅途上，我们当然需要橡树般永不退缩的执著精神，但又何尝不需要芦苇顺风而倒的变通！

著有"史家之绝唱，无韵之离骚"的司马迁，因为心中的理想，在死亡与屈辱的活之间选择了后者，也许死可以证明他的铮铮傲骨，但是生却让他完成中国第一部纪传体通史。

因为执著，司马迁忍受了宫刑带给他的耻辱；因为执著，他忍受了周围的冷眼与嘲笑；他用他的执著完成了《史记》。只是，很少有人注意到，他的执著中还蕴藏着变通，在宫刑面前，他不像一些为了名节而死的愚臣，以死明志，抱憾而终。而是选择了忍辱负重地活着，因为他知道死可以明志，生却可以践志。他的执著与变通让他终成一家之言。

我们并不能否定执着的力量。对待工作，凭着执著，我们才可以一次次地在黑暗中寻找机遇，走向光明；对待生活，凭着执著，才能寻找到那份属于自己的恬静和闲雅。但是我们细想一下，当“行到水穷处”时，我们是不是就需要“坐看云起时”的变通？当“山穷水尽疑无路”时，我们是不是需要“柳暗花明又一村”的变通？如果说执著是巍峨的山峰，坚韧不拔，那么变通就是潺潺的流水，婉转灵动。

总之，学会多角度、灵活地看待、处理问题，生活的五彩光芒也会因此而被放大。同样，每个人都生活在这个社会中，少不了要与他人进行交流、沟通、合作。怎样为人处世，是极有讲究的一门学问。

很久以前，中国古代铜钱的“内方外圆”就被推及到为人处世的领域，古人谆谆教导我们要“方圆处世”。仔细琢磨，是极有道理的。

所谓“内方”是指做人的棱角。“方”乃做人之本，也是做人的道德和原则性。诚实正直、光明磊落、宽容大度的方正人品是一个人立世和成功之本。所谓“外圆”是指与人相处的圆润和技巧。“圆”乃处世之道，也是指与人相处的灵活性。我们在做事情和与他人相处当中，要讲究策略、方法、技巧和艺术性。要积极地与他人进行良好的沟通，要善于与人相处、合作。

当然了，只圆不方，八面玲珑，那就是圆滑了。方，是人格的自立，自我价值的体现，是对人类文明的孜孜以求，是对美好理想的坚定追求。一个成熟的人，无论在面对任何困境时，他都矢志不渝、义无反顾追求自己的人生目标，以求对人类、对社会的最大贡献。这便是所谓的“方”。若想成为一个成功的人，在为人处世方面，必须“内方”及“外圆”兼具。该方则方，该圆则圆，方圆组合，方圆有度，才是最好的处世之道。

做好每一件小事

“冰冻三尺非一日之寒”，要想成大事，就必须从点点滴滴的小事做起，为成大事打下坚实的基础。只有如此，才会在机会降临时做得比别人更细致，取得更傲人的成绩。不要认为小事微不足道，也许它会改变你一生的命运。

在一个炎热的午后，有位穿着汗衫、满身汗味的老农夫，伸手推开汽车展示中心的玻璃门，他一进入，迎面立刻走来一位笑容可掬的柜台小姐，很客气地询问：“老大爷，我能为您做什么吗？”

老农夫有点腼腆地说：“不用不用，只是外面有点热，我刚好路过这儿，想进来吹吹冷气，马上就走了。”

小姐听完后亲切地说：“您一定热坏了，我给您倒杯凉茶吧。”

接着便请老农夫坐在柔软豪华的沙发上休息。

喝完冰凉的茶，老农夫闲着没事，便走到展示中心内的新货车前，东瞧瞧，西望望。

这时，那位柜台小姐又走了过来："这款车很不错，要不要我帮您介绍一下？"

"不要！不要！"老农夫连忙说，"我可没钱买，种田的人也用不着这种车。"

"不买也没关系，以后有机会您还可以帮我们介绍啊！"然后便详细而耐心地将货车的性能逐一解说给老农夫听。

听完后，老农夫突然从口袋里拿出一张皱皱的白纸，交给这位柜台小姐，并说："这些是我要订的车型及数量，请你帮我处理一下。"

小姐有点诧异地接过来一看，这位老农夫一次要订八台货车，连忙紧张地说："您一下订这么多车，我们经理不在，我必须找他回来和您谈，同时也要安排您先试车……"

"小姐，你不用找经理了，我信任你。这几天我去了好几家公司，每当我穿着这样的旧汗衫进到汽车销售场，同时表明我没钱买车时，常常会受到冷落，而只有你们公司与众不同，我从你的工作态度上信任你们的公司。你不知道我是你的客户，还那么热心地接待我，为我服务，对于一个不是你们客户的人都如此，更何况成为你们客户的人呢？"

后来，这位小姐因对工作认真负责而顺利晋职。

小事不仅是成大事的人必须做好的每一篇作业，而且从中也体现出一个人对工作的态度和方法。所以，做好每一件小事，是每一个渴望成大事的女人都要抓紧学好的必修课。

许多年前，一个妙龄少女来到东京帝国酒店当服务员。这是她涉世之初的第一份工作，因此她很激动，暗下决心：一定要好好干！可万万没想到：上司竟然安排她洗厕所。

当她用自己白皙细嫩的手拿着抹布伸向马桶时，胃里立刻翻江倒海，恶心得要呕吐，却又吐不出来，太难受了！而上司对她的工作质量要求：必须把马桶抹洗得光洁如新。

正在她手足无措时，一位前辈出现在她面前：他一遍遍地抹洗着马桶，直到抹洗得光洁如新，然后从马桶里盛了一杯水，毫不勉强地喝了下去！从那时起她就发誓："无论做什么都要做到最好。"

她的名字叫野田圣子——日本前邮政大臣。

要有"做到最好"的信念，这样才能实现了自己的梦想。否则你就永远只能是大海里的一滴水，被平庸埋没，没有属于自己的一片天空，看不到绚烂多姿的未来。

第九章
注重细节：做一个完美的知性女子

从细节做起是一种良好的习惯，它督促我们不浪费一点一滴的时间，懂得一寸光阴一寸金；从细节做起是一种正确的心态，它要求我们不好高骛远，懂得千里之行，始于足下；从细节做起是一种优秀的品格，它鞭策我们要讲求诚信，做到一言九鼎、一诺千金。

做好小事才能成就大事

俗话说，“冰冻三尺非一日之寒”，“千里之行，始于足下”，“万丈高楼平地起”，说的都是万事要从小事做起。无论是做人、做事、做学问都要打好基础，练好基本功。急于求成、急功近利，是不可能成功的。

在我们的现实生活中，不乏郁郁而不得志的人，原因之一，是他们根本不知道凡事应该从小事做起，空有一番大志而无用武之地。

青年时代的福特，他在应聘时，在门口的地面上顺手拾起了一张渍纸，丢进了废纸篓里。董事长看到后说：“福特先生，你被录用了。”并说，“前面的应聘者虽然学历高，仪表堂堂，但是他们的眼睛总能看见大事，看不见小事，你的眼睛能看见小事，我认为看见小事的人，将来自然能看见大事。一个只能看见大事的人，他会忽略很多小事，是不会成功的。”福特就这样走进了这家公司，进入了汽车领域，并造就了福特公司。

福特的故事告诉我们，小事成就大事，细节决定成功。认真做事只是把事情做对，用心做事才能把事情做好。看不到细节，或者不把细节当回事的人，对工作缺乏认真的态度，对事情只能是敷衍了事。而考虑到细节、注重细节的人，不仅认真对待工作，将小事做细，而且注重在做事的细节中找到机会，从而使自己走上成功之路。

很多小事，一个人能做，另外的人也能做。要想比别人更优秀，只有在每一件小事上比别人更下功夫。“不积跬步无以至千里，不积小流无以成江海”告诉我们，做事当从最不受重视的小事做起，并注意积累，尽力做好。能把被一些人不屑一顾的事情做好，就能为做更大的事奠定基础。

有一只小猴子，它非常喜欢读书，喜欢学习，老师告诉它说多读书会很有用。但是，有一个问题一直困扰着这只小猴子，那就是它究竟能做什么呢？

于是小猴子就去问妈妈："妈妈，妈妈，我能做什么啊？"猴妈妈笑着问小猴子："你想做什么呢？"小猴回答道："我就是在想这个问题！"猴妈妈说："那你就好好想想吧！"

"小黄牛可以耕地，奶牛可以产奶，可我能做什么呢？"想了一整天，小猴子一无所获。第二天，小猴子着急了，它怎么也想不出自己究竟能做什么，猴妈妈建议小猴到处去走走。

于是，小猴子走出了家门，当它路过松鼠的家门口时，松鼠的房门破了，想请子猴子帮它修理一下。可小猴子说："我很忙呢，我正在思考一个很重要的问题！"

过了一会儿，小猴子又走到了大白兔的家门口，大白兔也想请小猴子给小白兔上上课，可小猴子还是说忙，把补课的事情推脱了。在森林里呆了一天，小子猴还是没有想出来自己能做什么。

到了第三天，小猴子更加着急了，"怎么办啊？"它决定去请教智慧老人。当小猴子把自己的问题提出以后，智慧老人说："我现在想吃水果，如果你把树上的香蕉摘下来给我，我就告诉你你能做什么。"小猴子非常高兴，非常迅捷地把香蕉给摘了下来。

智慧老人笑着对小猴子说："现在你知道你能做什么了吧，你能摘香蕉！"小猴看着捧在手里的香蕉，智慧老人继续说道："你还可以做很多事情，比如，给松鼠修门，给小白兔上课，可是你放弃了尝试。如果你不知道你能做什么，那你就多尝试一下，而不是一直只想不做！"

相信每一个人都渴望发现自己的价值、渴望成功，那么，从现在开始，就应该从简单的小事做起。比如：在公交车上给老人和孩子让个座，是小事，但却能看出你的道德；随手把瓜皮、纸屑丢进垃圾桶，是小事，但却能体现你的素质；对别人给予的小小的帮助说声感谢，是小事，但却能体现你的修养；洗完手把水龙头关严，是小事，但却能体现出你的细致……总之，千万不要对这些时刻发生在我们身边的小事不屑一顾，它在很多时候都是你成就一番事业的基石。

有些人在个人行为举止上不拘小节，把日常生活中不文明的举止行为当作小事，而不加注意和重视，其实，文明举止恰恰是从一些小事情做起的。如在公交车上主动为老、弱、病、残、孕妇让座，这看起来是一件小事，却反映了你的文化素养和文明程度。文明的举止往往能给人留下深刻的印象，使人乐意与你接近；而粗俗的举止便会使人疏而远之，必将影响你的社交活动的展开。由此看来，个人行为举止不是一件小事，在人际交往中，应使自己的行为举止符合文明规范的要求。要做到举止文明，首先要克服行为举止是小节问题的模糊思想，要从小处着眼，从小事做起，从我做起；其次要注意文明举止的养成和积累。只有这样，才能成为一个品格高尚的人。

注重信誉，恪守承诺

巴基斯坦前总统阿尤布·罕曾经说过：“诚信犹如一根细丝，一旦断了就很难把它接上。”这个比方恰如其分地说明了说到做到、信守诺言的重要。

诚实守信，是中华民族优秀的传统之一，自古以来，中国人都十分注重讲信用，守信义，并把它作为为人处世、齐家治国的基本品质。“言必信，行必果”、“一言既出，驷马难追”这些流传了千百年的古训，都形象地表达了中华民族诚实守信的品质。

古代的圣贤哲人对诚信有诸多阐述。“君子之言，信而有征”。征，为证明，证验之意。“言之所以为言者，信也；言而不信，何以为言？”就是说人说话要算数。这就把诚信提高到一个新的境界。韩非子则认为“巧诈不如拙诚。”总之，古代的圣贤哲人把诚信作为一项崇高的美德加以颂扬。只有保持诚信，坚守诚信才能守住心灵的契约，赢得做人的尊严，最终成就一番大业。

东汉时，张劭和范式同在京城洛阳读书，二人情同手足，感情甚好。天下没有不散的筵席，分别在即，张劭站在路口，望着天空的大雁说：“今日一别，不知何年才能见面啊？”说着，便泪湿衣襟。范式拉着张劭的手劝慰说：“兄弟不要难过。两年后的秋天，我一定去你家拜望你和老人，到时再相会。”

时光飞逝，转眼就到了两年后的秋天，张劭对母亲说：“刚才我听见天空雁叫，秋天到了，范式快来了。我们准备准备迎接他吧！”他母亲不相信，叹息道：“一千多里路啊！又没有什么重要的事情，范式怎么会来。”张劭说：“范式为人正直、极守信用，不会不来。”老母亲怕儿子伤心，只好去准备酒菜。约定的日期到了，范式果然风尘仆仆地赶来了。旧友重逢，亲热异常。老母亲高兴得直掉眼泪。范式重信守诺的故事一直被后人传为佳话。

一个人要想立足于社会，做出一番事业，就必须具有诚实守信、说到做到的品德。一个弄虚作假，欺上瞒下，糊弄国家与社会，骗取荣誉与报酬的人，是要遭人唾骂的。诚实守信是一种社会公德，是社会对做人的基本要求；是追求成功的必由之路，它既体现了对他人的尊重，也表现了对自己的尊重。对别人的承诺言而无信，不仅有害于对方，有时也危及自己。中国古代也有不讲诚信而自食恶果的例证。

西周建都丰镐（今长安县西北），接近戎人。周天子与诸侯相约，要是戎人来犯就点燃烽火，击鼓报警，诸侯来救。周幽王的爱妃不爱笑，唯独看到烽火燃起，诸侯的军队慌慌张张从四面赶来时而大笑不止。周幽王为博得爱妃高兴，数次无故燃起烽火，诸侯的军队多次赶到而不见戎人，认为受了骗。后来戎人真的来了，当烽火再燃起时，已无人来救。最终周幽王被杀于骊山之下，为天下人所耻笑。这就是烽火戏诸侯的故事。

还有一个例子，它表现出的却是另一种情形。

韩国现代企业集团的创始人郑周永于1953年承包了高灵桥的修建工程。工程一开始，就遇到了不少困难，高灵桥是山洪多发区，桥墩易被洪水冲塌，加上设备落后，一年过去了，13座桥墩还没有修好，但物价却上涨得飞快，开工不到两年，工程费总额竟比签约承包时高出了7倍。这时，有人劝阻郑周永放弃这个工程，但郑周永却认为金钱损失事小，维护信誉事大，即使倾家荡产，也要按时把工程拿下来。

工程终于完成了，郑周永却为此付出了惨重的代价，赤字6500多万元，但郑周永也获得了多少钱都买不到的东西——信誉！韩国政府对现代企业集团给予了高度的评价和信任，不久，郑周永相继投标承包了当时南韩的四大建设项目：韩兴土建、大业、兴和工作所和中央产业，一跃成为韩国建筑行业的霸主，当然也获取了丰厚的利润回报。

在现代竞争激烈的时代，信守诺言显得更为重要，与人相处，失信于人，朋友关系终究不会长久。信誉良好可靠，那是一个人或一个企业巨大的无形资产，积累的越多，收获得也就越大。

言而无信，逞一时的口舌之能，贪一时的风光，只能是自己搬起石头砸自己的脚，只有那些恪守诚信的人才能受到别人的欢迎。

做个勤俭的女人

有这么一句话："干得好不如嫁得好"。就因为这句话，很多女人情愿让自己享受男人在外打拼下来的果实。她们不用空闲下来的时间学习看书，反而流连在百货商场和麻将桌边。

丘吉尔说过："一个人最大的幸福就是在他最热爱的工作上充分施展自己的才华。"勤奋的女人，会把相当一部分精力用来打理事业。她们忠实、勤奋，即使只是一份普通的工作，她们也会用对待事业的热忱去经营，哪怕这份事业只是家务活。

相传，有一位老人一生勤劳节俭，朝廷赐了一块"勤俭"的牌匾给他。老人过世后，弟兄俩分家，那块写有"勤俭"的牌匾兄弟俩都想要，无奈，只好将牌匾从中间锯开，哥哥分走了写有"勤"字的半块匾，弟弟分得了写有"俭"字的半块匾。几年过后，舅舅到俩外甥家串门。老大虽然勤快，但过于浪费，所分财产挥霍殆尽，仅剩半块写有"勤"字的牌匾；老二虽然节俭，但十分懒惰，坐吃山空，也仅剩下写有"俭"字的半块牌匾。舅舅见此情景，万分痛心，遂将两个外甥叫到身边，将他们各自的半块牌匾合到一起，语重心长地说："你们兄弟俩合到一起吧，按照牌匾上写的去做，日子会越过越好的！果不其然，没过几年，兄弟俩就过上了美满富裕的好日子。

这个故事说明了一个极其简单的道理——居家过日子既要勤劳，也要节俭，二者不可偏颇。节俭并不是吝啬，从古至今关于节俭的故事很多，从东晋大官吴隐之“卖狗嫁女”，到唐宋八大家之一的苏轼“房梁挂钱”都看得出节俭的美德。

有这么一个故事，说的是一个地主的儿子，他非常喜欢吃包子，但是他不喜欢吃包子皮，只喜欢吃包子肉，每一次吃包子的时候都会把包子皮顺手扔出窗外。隔壁住着一位穷苦的老太太，当看到地主儿子如此的浪费时，她感到十分心痛。所以每次地主儿子把包子皮扔出去以后，她就把包子皮捡起来放好。

几年过去了，老地主死了，他的儿子没有多大的本事，坐吃山空很快就把家底吃空了，所有的财产也都被他败光了，最后终于沦为了路边的乞丐。有一天，他来到了这位穷苦的老太太家门口乞讨，老太太给他端出一盘白乎乎的东西。他吃过以后连声说好吃，忙问这是什么东西。老太太笑眯眯地对他说：“这就是你当年扔掉的包子皮晒干了以后做的。地主的儿子听了以后惭愧不已。

故事中地主的儿子因为不节俭而自食其果，因奢侈浪费遭到惩罚。节俭不一定能创造财富，但是不懂节俭的人肯定无法留住财富。

因此，对于女人来说，勤俭的品质绝对不能丢。女人要在适当的位置上勤奋工作，这样能使她们保持一种旺盛的精力，劳累一天能为她们带来愉快的睡眠，勤劳的生命会带来愉快的享受。勤劳的生命是长久的，像一根富有韧性的常青藤。她们每天都在为一项有意义的事业而思考、而行动，每天都在为生活的进步而自信满满，因而也会获得忙碌的快意和收获的喜悦。点点滴滴的付出在一天天开花、结果，这种幸福感是绵绵不绝的。

别让虚荣毁掉你的幸福

柏格森曾经说过，虚荣心很难说是一种恶行，然而一切恶行都围绕虚荣心而生，都不过是满足虚荣心的手段。

虚荣是指表面上的光彩，加上心，就是追求表面光彩的心理。虚荣心是对荣誉的一种过分追求，是道德责任感在个人心理上的一种畸形反映，是一种不良的心理品质，其本质是利己主义的情感反映。过分染有虚荣心的人，总是从某种个人动机出发，追求一种暂时的、表面的、虚假的效果，甚至弄虚作假，欺诈骗取，完全失去了从行为的社会价值来评价自己行为的能力，其行为目的仅仅在于取得荣誉和引起普遍注意，得到周围人的赞赏和羡慕。

女性的虚荣心一般比男人重，这也是女性的天性所致。每当提到女性的虚荣心，大家便会想到女性“爱面子”。几个女性一碰面，都会相互从头顶打量到足尖，又是打听对方的服装、饰品、身边物品价钱多少、在哪里买的，自己满意的恨不得自己马上去买。如果自己囊中羞涩内心就会失落和难受好一阵。

也就是说，很多女人在虚荣心的驱使下，往往只追求面子上的好看，不顾现实的条件，最后造成危害。在强烈的虚荣心支使下，有时会产生可怕的动机，带来非常严重的后果。

男孩和女孩是一对青梅竹马的恋人。

有一天，男孩女孩牵着手去逛街。当经过一家首饰店门口时，女孩一眼看见了摆在玻璃柜中里的那条心形的金项链。

女孩心想：我的脖子这么白，配上这条项链一定好看。

男孩看见了女孩眼中的那依依不舍的目光，他摸摸自己的钱包，脸红了，拉着女孩走开了。

几个月后，女孩的20岁生日到了。

在女孩的生日宴会上，男孩喝了很多酒，才敢把给女孩的生日礼物拿出来，那正是女孩心仪的那条心形的金项链。

女孩高兴地当众吻了一下男孩的脸。

过了半晌，男孩才憋红着脸，搓着手，嗫嚅地说："不过，这、这项链是……铜的……"

男孩的声音很小，但客厅里所有的客人都听见了。

女孩的脸蓦地涨得通红，把正准备戴到自己那白皙漂亮的脖子上的项链揉成一团随便放在了牛仔裤的口袋里。

"来，喝酒！"女孩大声说，直到宴会结束，女孩再也没看男孩一眼。

不久后，一个男人闯进了女孩的生活。男人说，他什么也没有，只有钱。

当他把闪闪发光的金首饰戴到女孩身上时，同时也俘虏了女孩那颗爱慕虚荣的心。

他们很快便在外面租了一间房子同居了。男人对女孩百依百顺，女孩暗暗庆幸自己在男孩和男人之间的选择。

对于女孩来说，那真是一段幸福的日子。

但是好景不长，在女孩发现自己怀孕了的同时，也发现男人失踪了。

当房东再一次来催她缴房租时，她只得走进了当铺，把自己所有的金首饰摆在了柜台上。

老板眯着眼睛看了一眼说："你拿这么多镀金首饰来干什么？"

女孩一下子愣住了。

接着老板的眼睛一亮，扒开一堆首饰，拿出最下面的那条项链说："嗯，这倒是一条真金项链，值一点钱。"

女孩一看，这不正是男孩送她的那条假金项链吗？

当铺老板把玩着那条心形的项链问："喂，你打算当多少钱？"

女孩忽然一把夺过那条项链就走了。

一颗虚荣心让自己失去了真正爱自己的人，故事中的女孩为自己的虚荣尝尽了苦头。这就是虚荣心过度的危害。其实，从某种意义上讲，虚荣

心的危害还不止于此。具体来讲，太强的虚荣会给女人带来一下危害：

一是制约了女性事业上的发展。虚荣心强的女性，追求事业的发展，不是把精力放在刻苦学习提高能力素质和踏踏实实干出成绩上，而是放在做表面文章、弄虚作假、哗众取宠以赢得领导的表扬上，结果事与愿违，坑了自己，害了事业。

二是损害身心健康。虚荣心强的女性往往都存在自卑和心虚等深层次的心理缺陷，总是琢磨别人怎样评价自己，竭力追慕浮华就是为了寻求一种心理补偿，一旦自己的虚荣心得不到满足，或者受到打击和刺激，就会产生更严重的自卑心理，甚至自暴自弃，使自己陷入不能自拔的痛苦之中，身心健康受到严重影响。

三是失去很多朋友。由于虚荣心强的女性缺乏真实的情感，待人处事突出自我，喜欢自吹自擂，总在朋友跟前吹嘘自己的容貌、才华，吹嘘老公如何优秀，如何对自己好，吹嘘自己的孩子如何是天才，甚至嫉妒别人，贬低别人，以抬高自己，满足自己的虚荣心，结果引起别人的反感、蔑视，久而久之，也就没有朋友愿意跟自己往来了。

因此，虚荣心是要不得的，明智的女人一定要戒掉虚荣的毒瘾。那么，如何克服虚荣心呢?

首先，做到自尊自重，克服虚荣心这是首先要做到的。做人起码要诚实、正直，绝不能为了一时的心理满足，不惜用人格来换取。有的少女为了满足物质的追求，牺牲自己最宝贵的贞操，是值得深思的。只有把握住自尊与自重，才不至于在外界的干扰下失去人格。

其次，树立崇高理想人应该追求内心的真实的美，不图虚名。很多人能在平凡的岗位上做出不平凡的成绩，就是因为有自己的理想。同时，做到自知之明。这就是说要能正确评价自己，既看到长处，又看到不足，时刻把消除为实现理想而存在的差距作为主要的努力方向。

再次，正确对待舆论因为，虚荣心与自尊心是联系的，自尊心又和周围的舆论密切相关。别人的议论，他人的优越条件，都不应当是影响自己进步的外因，决定需要的是自己的努力。只有这样的自信和自强，才能不被虚荣心所驱使，成为一个高尚的人。

细节问题不容忽视

大凡精明的女人，都是心思缜密的，在她柔弱的身躯里，有自己的雄心壮志，所以她会那么认真地处理着每一个细微之处。“一屋不扫，何以扫天下？”这是她们成功路上的座右铭。

细节是检验一个人是否有修养的具体表现。优秀的人大多是注意细节的人。做事拘小节，不抱怨人生，努力进取，人生的路才能越走越宽。有时候，一个很小的动作或礼貌习惯都有可能影响到办事的结果。所以，在办事的过程中一定要注意小节，礼貌待人，才能不因小失大。行为礼貌是必须的，它是你办事成功与否的前提之一。

王鹏是一个软件公司推销员，他与中关村一家电脑公司业务往来比较多，其他方面比较好，可就是有一个开关门不太礼貌的毛病。一天，他由于业务原因，多次进出此公司，终于引起了对方忍无可忍的批评。

“你小子，怎么办事呀？有意见提嘛！你怎么开关门那么用力，我怎么说你才能记住呢？难道非骂你一次才行吗？小王，以后一定要注意！”

王鹏自认为公司与对方关系非常好，也自认为与对方公司的职员关系不一般，因而注意不够，忽略了开门关门这类看似简单却十分重要的礼仪。结果给人一种不讲礼貌、粗暴的印象，严重的会得到对方的直言不讳的批评。极尽礼仪，取悦对方，自古皆然。所以，即使对方是自己的老主顾，也要多加注意。因为往往就是自己与对方比较熟悉，常常忽视了这些问题，从而不再约束自己，放松了对自己的要求，容易造成与上述例子类似的情况。

不拘小节的人往往被人看作是不懂礼仪的人，这个道理许多人都很清楚，也会时常注意自己的言行，可当自己做起来时却并不一定那么完美、轻松。这是一个习惯问题。所以我们必须从平时的一点一滴做起，加强修养，同时更重要的是小心谨慎地来培养好的习惯。

有的人时常或不小心“嘭”地一声把门推开或关上，发出大的响声，给人的印象不是开门或关门而是在撞门，这是极不礼貌的。所以开关门用力要轻些，用力过猛，便会使房门碰撞墙壁发出大的声响。但也不能用力过小，半天开不开，而给人一种畏畏缩缩、鬼鬼祟祟的不良印象。因此，对开门关门动作的轻重，可以看出一个人修养、内涵和水平来，也反映了一个人的精神面貌，更重要的是，直接影响到对方对自己的印象好坏，所以要格外注意。

每次访问之前，应想好自己开门、关门的方式与动作，尽可能礼貌些。当然，也没有必要太紧张，而表现得太过拘谨，最好是形成好的习惯。古语说得好：“习惯成自然。”原则上不管是以何种方式开门，在打开时，以自己能自由进人的程度为宜，不要太小，也不可太大。同时人的坐姿也是十分重要的。为了给对方一个良好的印象，表现出自己的修养，一般宜端正姿势，静静地坐下，以等待对方的接待为好。位子也是值得注意的细节问题。切忌不可坐在主位上，而应坐在侧面的位子上。因为自己是来办事的，最好坐在靠近房门的位置，可也不能离主位太远。坐位与主位的远近，要由自己与主人的亲疏关系来确定。

“海不择细流，故能成其大；山不拒细壤，方能就其高。”任何大事都是从注意小事入手的。古人言“一屋不扫，何以扫天下”，又说“于细微处见精神”，我们则认为，一个小事都不愿做、做不好的人，他能成就多大的事业呢？更何况，许多“大事”不都是由那些琐碎的小事组成的吗？当有一天我们能探索出平凡小事中所蕴含的巨大价值时，那么，成功离我们就不远了。

从另外一个角度来看，人生无小事，每做一件事情实际上就是对自身的修养、品行所进行一次锻炼，千万不要因为小或者低微就鄙视它，放弃将使你失去一次锻炼的机会，也减少一次提高的可能。

做好每一个细节

那些成就非凡的人，着眼于大处，却在细微之处用心，在细微之处着力，日积月累，终于渐入佳境，出神入化。这才是真正的成功。

任何一个成功的人都是用 100% 负责任的态度去做好遇到的每一件事的。做事是否用心，是否用 100% 的负责任的态度去做好，哪怕是一件很小的事情，都将直接影响整个事情的成败。

20 世纪世界最伟大的建筑师密斯 · 凡德罗，在被要求用一句话来描述他成功的原因时，他也是只说了五个字“魔鬼在细节”。他反复地强调，如果对细节的把握不到位，无论你的建筑设计方案如何恢弘大气，都不能称之为成功的作品。

老子曾说："天下大事，必做于细。"可见对细节的作用和重要性的认识，古已有之，中外共见。生活的一切原本都是由细节构成的，如果一切归于有序，决定成败的必将是微若沙砾的细节。

中国有句名言："细微之处见精神。"细微之处也是一个人道德养成的立足点，虽然微小而细致，但在人的成长中却至关重要。

1961年4月12日，前苏联宇航员加加林乘坐"东方1号"航天飞船进入太空遨游了89分钟，成为世界上第一位进入太空的宇航员。然而，在20多位备选的宇航员中，他为什么能够独树一帜，脱颖而出呢？

原来，在确定人选前的一个星期，"东方1号"航天飞船的主设计师罗廖夫发现，在进入飞船前，只有加加林一个人脱下鞋子，只穿袜子进入座舱。

这个小小的细节感动了罗廖夫，让他觉得这个27岁的青年既懂规矩，又如此珍爱他为之倾注心血的飞船，于是决定让加加林执行人类首次太空飞行的神圣使命。

这个不经意的细节，反映的却是加加林珍爱他人劳动成果的修养和素质，并因此取得了人生辉煌的成功。

由此可见，注重每一个细节，是修养精神的最高体现，也是取得成功的重要条件。不论是做人、做事，都应当从大处着眼，从小事做起。

我们日常所做的事可能没有什么大事，更多的是一些平凡而琐碎的小事，但我们都要把它做好。成功就是尽可能的把一些细小的事情做得更到位，把简单的事情做得更精致，把平凡的事情做得更完美。

有责任心就能把事情做完美，就能达到成功的人生。我们要养成这样的好的习惯，有好习惯就会有好结果。

我们都很敬佩周恩来总理的胆识和谋略，但他那种关照小事、成就大事的本领，更值得我们学习和借鉴。

周恩来总理做起事情来总是非常认真和精细。有一次，在北京饭店举行涉外宴会，周恩来总理在宴会前了解饭菜的准备情况时，问现场的工作人员："今晚的点心什么馅？"一位工作人员随口答道："大概是三鲜馅的吧。"这下可糟了，周恩来总理追问道："什么叫大概？究竟是，还是不是？客人中间如果有人对海鲜过敏，出了问题谁负责？"

周恩来总理注重细节、关照小事的作风，赢得了人们普遍的称赞。当年，尼克松访华的时候也曾敏锐地发现，周恩来总理做事非常认真，因为，在宴请他的晚会上，周恩来总理为他挑选的乐曲正是他所喜欢的那首《美丽的阿美利加》。

生活是由一些小得不能再小的事情构成的，可我们总是倾心于远大的理想和宏伟的目标，总觉得那些微不足道的小事不过是秋天飘落的一片片树叶，没有声响，我们总是忽略了不该忽略的小事情、小细节，从而在接踵而至的小事面前穷于准备，忙于应付。看不到细节，或者不把细节当回事的人，做事只能是敷衍。注重细节的人，不仅对工作认真负责，将小事做细，并且注重在做事的细节中找到机会，从而走上成功之路。

遇事不必太较真

聪明的人遇到任何事绝不自作聪明，大发议论。相反，他们总是做出一副什么都不知道、什么都不清楚的样子，躲躲闪闪地装糊涂。其实他们心知肚明，只是以豁达的心胸来对待，一笑了之，这才是真正的智者。

较真的人往往过于保守，而过于保守的人往往都会限定自己的范围，久而久之变成固执，固执就像粘胶一样，最终自己也会被它胶住，不得解脱。因此，处世不可太较真，不如适当糊涂一下，放下心中的固执，开放自己，也使自己的心灵得以拓展。

《菜根谭》里曾写道："涉世浅，点染亦浅，历事深，机械亦深，故君子与其练达，不若朴鲁，与其曲谨，不若疏狂。""涉世浅"是指年轻人刚刚出来，入世不深，污染也不深；"历事深"是告诫我们人生经历的事情太多，机械亦深。这个机械，就是代表那个有心计较的妄想，所谓机关用尽，那些烦恼也越多。所以才有下面的"故君子与其练达，不若朴鲁，与其曲谨，不若毓狂"，意思是我们通常讲的做人、做事都要学会通达，遇事不可太过较真，有时适当的"糊涂"反而会带来意想不到的收获。

那些处世过于较真的人往往都很固执、做事比较死板，这样的人很容易走进"死胡同"。因此，我们应该变通一下，不要一条道路走到黑，一个死理认到底。俗话说"天下没有过不去的河，也没有解决不了的问题，关键是要懂得'转弯'。"

相传，春秋时期楚王大宴群臣，名叫太平宴。文武大小官员，宠姬妃嫔，统统出席。席间奏乐歌舞，美酒佳肴，饮至黄昏，众人兴犹未尽。楚王命点烛继续夜宴，还特别叫最宠爱的两位美人许姬和麦姬，轮流向各人敬酒。忽然外面刮起了一阵怪风，透过窗户吹熄了燃烧的蜡烛，屋内顿时漆黑一团。这时一位官员乘机揩油，摸了许姬的玉手，许姬很是气愤，一甩手扯断了他的帽带，哭啼啼地跑回楚王身边，并告诉说："刚才有人乘机调戏我，我扯断了他的帽带，赶快叫人点起烛来看看谁没有帽带，就知道是谁了。楚王听了，忙命令不要点烛，并大声向众人说："寡今晚，务要与诸位同醉，来，大家都把帽子除下来痛饮。"

待蜡烛点燃时，各官员都摘下了帽子，自然也就看不出是谁的帽带断了。席散回宫，许姬怪楚王不给她出气，楚王笑说："此次宴会，目的在狂欢，酒后狂态，乃人之常情，若要追究，岂不是大煞风景，岂是宴会原意。"许姬听了，这才理解楚王装糊涂的用意。

这就是历史上有名的"绝缨会"。后来楚王伐郑，有一健将独率数百人，为三军开路，斩将过关，直逼郑的首都，使楚王声威大震，这位将军后来承认他就是当年揩许姬油的那个人。正是因为当年楚王没有跟他计较，放了他一马，他才感恩戴德，为楚王立下汗马功劳。

所以，说话做事可谓是一门大学问，楚王的经历告诉我们，在平日里遇事不可太较真，认死理。“水至清则无鱼，人至察则无友”，太认真了，就会对什么都看不惯，连一个朋友都容不下，自然也会把自己同社会隔绝开来。

人非圣贤，孰能无过。与人相处就要互相谅解，经常以“难得糊涂”自勉，求大同存小异，有肚量，能容人，这样不但可以提升自身的修养，也会让自己在今后的人生旅途中左右逢源，诸事遂愿；相反，“明察秋毫”，眼里不揉半粒沙子，过分挑剔，什么鸡毛蒜皮的小事都要论个是非曲直，容不得人，亲朋好友自然就会躲你远远的。

在工作中也是如此，那些过于较真的人，说话时往往都小心翼翼、战战兢兢的，尤其是在和领导说话时。如果这样长期下去，可能会耗掉领导的耐性，领导在心里也会对你打一个问号，到头来丢了工作也不一定。因为这种人太注意每句话的正确性，而忽略了答案的连贯性和逻辑性，让人觉得词不达意。其实在与人面谈时，在总体上应力争呈现自己的优势，而不去计较个别字词是否达意，这样效果反而可能理想一些。

待人接物太较真的人，人生观往往是非黑即白，不对即错，并认为自己有原则性。这种人很难拥有一种更为综合的观点，即灰色区域。其实世界上很少事物是绝对的黑和白、绝对的对和错。大部分情况，是处于这二者之间，即灰色领域内。

综上所述，我们为人处世不可太较真，不如试着多宽容和豁达。心胸开阔、宽容大度的人，遇事总能大事化小、小事化了。他们在与对方发生意见不一致时，往往争论一阵，见分不出高低，便不会再争下去了。因为豁达的人知道，没有多少原则性的大是大非，因此，没必要非得争个清楚明白。所以，他们往往会装作糊涂，让争论在和平的气氛中结束，这样也有利于维护人际关系的和谐。

大事讲原则，小事当变通

如果一个人没有了做人的原则，也就没有了衡量对与错的标尺；如果自己都不知道哪些事该做，哪些事不该做，那么，就很容易误入歧途。

新时代的女性无论是在经济上还是在精神上都变得更加独立，精神的独立体现了新时代女性的前瞻性和社会承受能力，尽管每个人的生活环境不同，文化层次不同，所追求的目标和理想也不尽相同，但是，在内心深处，每个人都会有自己的处世原则。从大的方面来说，人是具有社会属性的，时时事事都要受到社会法律和道德准则的约束，不可能游离于社会之外。

处世的原则包括多个方面，比如学习、生活、工作等方面的原则。所谓原则，简单地说就是做人、做事要有自己的底线，有所为有所不为。具体体现在以下方面：

自我判定的原则。在生活中，要准确地界定自己与邻里、同事、领导等的诸多关系，还要找好自己的人生定位。如何坚守和把握这一原则，反映了你对他人以及社会的认识程度。以此作为基本点，也可以给你的思想和行为方式构筑一个楼盘，也可以说是给你的思想一个独舞的天空，任你缜密地思考、设计，精确地计算、筹划，让这座楼成为彰显你的个人魅力与风采的标志性的象征。

真诚的原则。真诚，是人生在世应遵守的基本原则，也是你是否能够让自己分享生命里的幸福、快乐味道的一道圣餐。人生一世，最重要的是真诚地去对待你的生活，真诚地分享他人的快乐和幸福，真诚地分享社会这个大家庭带给我们的美好意愿和追求。每个人都有自己的梦想，让梦想变为现实，需要一份执着和坚定的精神，而这种精神的基本条件便是真诚。在很多细微的事情中都需要真诚，在与朋友

相处的过程中需要真诚，游弋在商海的博大浪潮中需要真诚，总之，行走在社会这个大舞台上，以真诚换取他人的真心是你博得他人信任的重要方式。

平等的原则。平等，首先是确定自身在社会各项活动中的平等，决不可凌驾于他人之上，也要保证自己平等的权利不被侵害。如今，我们生活在法制社会中，遵守法律法规是一个人应尽的责任与义务。只要我们都能够去平等地待人，自觉地做社会平等机制的维持者，做平等行为的制约者，平等是能够实现的。

社会在不断地发展，观念在不断地更新，需求也在发生着不同程度的变化。虽然，在不同的社会背景下，法律和道德的准则会有所不同，这个时期这样做可能是对的，而同样的做法放在另一个时期就是错的，甚至是违法的。但是，诸如此类做人做事真诚、平等的原则却是永恒不变的。一个具有优秀品质的女人在坚持这些大的原则问题的同时，也要学会变通。变通是一门艺术，更是一门学问，所谓“穷则变，变则通”。从“变”的角度出发，当你处于各种人生困境时，一定要学会如何变通，谋求一个和平共处的环境，用精湛的技巧有效地解决人生难题。学好了“变通”这门学问，可以让你在人际交往中处于不败之地，在职场中如鱼得水，在危难关头化险为夷。

在某个小村落，下了一场非常大的雨，洪水逐渐淹没村庄，一位神父在教堂里安静地祈祷，眼看洪水已经淹到他跪着的膝盖了。一个救生员驾着舢板来到教堂，对神父说：“神父，赶快上来吧，不然洪水会把你淹死的！”神父说：“不，我深信上帝会来救我的，你先去救别人好了。”

过了不久，洪水已经淹过了神父的胸口，神父只好勉强站在祭坛上。这时，有一个警察开着快艇过来，对神父说：“神父，快上来，不然你真的会被淹死的！”神父说：“不，我要守住我的教堂，我相信上帝一定会来救我的，你还是先去救别人好了。”

又过了一会，洪水已经把整个教堂淹没了，神父只好紧紧地抓住教堂顶端的十字架。一架直升飞机缓缓地飞过来，飞行员丢下了绳梯之后大叫：“神父，快上来，这是最后的机会了，我们可不愿意见到你被洪水淹死！”神父还是意志坚定地说：“不，我要守住我的教堂，上帝一定会来救我的，你还是先去救别人好了，上帝会与我共在的！”

洪水终于滚滚而来，固执的神父被淹死了……神父上了天堂，见到上帝后很生气地问：“主啊，我终生奉献自己，兢兢业业地侍奉您，为什么你不肯救我？”上帝说：“我怎么不肯救你？第一次，我派了舢板来救你，你不要，我以为你担心舢板危险；第二次，我又派一只快艇去救你，你还是不要；第三次，我以国宾的礼仪待你，再派一架直升飞机来救你，结果你还是不愿意接受。所以，我以为你急着想要回到我的身边来，可以好好陪我。”

其实，生命中总是充满了太多的障碍，只要我们解除过度的固执、愚昧和无知就可以完全避免。在别人向你伸出援手之际，别忘了，唯有我们自己也愿意伸出手来，才能获得圆满和成功。成功的变通方法是一种高级的生存智慧，它会让你懂得如何获取利益，如何在复杂环境中求生存，如何知已知彼，如何逃脱小人的暗算。很多女人之所以一辈子都碌碌无为，那是因为，与男人相比，她永远少了一种灵活多变的处世方法，做什么事都四处碰壁，孤立无援，正所谓易事也成难事。固执己见、偏执的行为模式导致了人生晦暗的一笔。所以，聪明的女人一定要学会变通，将难事变为易事，做任何事情都收到事半功倍的效果。

换个角度，换种思维看问题

中规中矩并不能保证我们做事不出差错，事物每天在变化，我们只有突破传统思考方式、不断寻找机会，才能圆满完成自己的任务。

在现实生活中，当人们遇到瓶颈问题而一筹莫展时，如果能换个角度考虑问题，情况就会有新改观，问题也就会迎刃而解。

有些经历失败的人，每逢挫折时总是武断地认为自己的能力有限，而不去积极开启就在眼前的另一扇窗子，看不到可能的机会其实就在眼前，结果却错失良机。因而，走向失败的人，其实是因为丧失了一个又一个的机会，所以才让人生道路艰难而凄苦。倘若能够换个立场考虑问题，情况就会改观。记住，只要能转换视角，就会有创意产生。因此，当我们每当遇到一个问题无法解决时，就要换一个角度看问题，转入另外一条发展道路上，这样成功的可能性就会更大。

诺贝尔奖得主莱纳斯·皮林说过："一个好的研究者知道应该发挥哪些构想，而哪些构想应该丢弃，否则，会浪费很多时间在差劲的构想上。"在很多时候，由于种种原因，人们的目标和思维会使自己处于一个两难的境地，这时，最明智的做法是穷则思变，变则通，及时地抽身而退，去开辟其他研究项目，寻找新的成功契机。

在美国有一个叫杰福斯的小牧童，他每天的工作就是把羊群赶到牧场，然后就是看管羊群不要越过牧场的围栏，吃到邻居家的菜。

可是有一天，杰福斯在牧场的时候不知不觉睡着了，不知道过了多长时间，他被一阵怒骂声给惊醒了，只见老板气得满脸通红，对他大声吼道："你真是个没用的东西，你看看，那菜园已经被羊弄得一塌糊涂了，你还在这里睡觉。"杰福斯当时吓得一句话也不敢说。

这件事情发生以后，非常聪明的杰福斯就想，怎么样才能使羊群不越过铁丝呢？他发现在那片有玫瑰花的地方，虽然没有什么牢固的栅栏，但是羊群却从来也没有过去，因为玫瑰花上面有刺。

这个时候杰福斯高兴的跳了起来，"有了，如果在铁丝上加上一些刺，就可以挡住羊群了。"

于是，杰福斯先将铁丝截成5厘米左右的小段，然后又把它绑在铁丝上面当刺。当接好了以后，他再放羊的时候，发现羊群刚开始的时候也试图越过铁丝到菜园去，但是每次都会被刺扎疼，所以很多次以后，羊群再也不穿越栅栏了。

杰福斯终于成功了，半年以后，他为自己的发明申请了专利，并且获得了批准，后来这种带刺的铁丝网在全世界流行开来。

可能当初杰福斯只是想着怎么能不让羊越过铁丝，但是他懂得灵活应变，而不是死死的盯在羊的身上，终于成功发明了铁丝网。

所以说，换一个角度看问题，往往能够带来新鲜的感觉，带来另一种分析结果，甚至改变自己的思维和判断，让自己的工作、生活充满活力。有些复杂的事物，你换一个角度去观察，它就会变得简单明了。所以，换一个角度看问题，往往能够带来思维和分析方式的"升华"。

小李因病住院做手术，结果手术失败，让小李痛苦不堪。原因是主刀大夫居然是个实习生，由于有些紧张或者技术不精而导致手术失败。

小李的不少朋友都到医院去看望他，并对医院的行径感到十分愤怒，有人出主意状告医院，有人建议还是转院吧，也有人建议要求医院赔偿。听了这些，小李心里感觉很沉重，躺在病床上一言不发。这时，另一个朋友对他说："没关系，我建议就在这里做第二次手术。因为第一次手术失败了，医院肯定要高度重视，派一名业务骨干给你主刀，而且对你肯定会特别精心护理，手术肯定能圆满成功。"小李听了，顿时感觉眼睛一亮，点了点头，同意了这位朋友的建议。果然，第二天，医院在第二次手术时请来了省里著名的专家主刀，结果非常成功，小李不久后便康复出院了。

俗语说得好，"塞翁失马，焉知非福"。什么导致不幸、什么产生幸福，不可预知。因此，不论在什么时候，一定不要绝望。挫折和困难正孕育着将来取得成功的种子。

在某学校的教室里，一位老师做过这样一个试验：他在白板上点了一个黑点，然后问班里的学生："这是什么？"大家都异口同声是说：

"一个黑点。"老师故作惊讶："只有一个黑点吗？这么大的白板大家都没有看见吗？"这个实验可以说明，每个人身上都有优点和缺点，但是你看到的是哪一部分呢？

的确，人们在寻求幸福的时候，常常因为"消极"式思维处理问题而迷失了方向，最终与幸福背道。如果一味地把事情往坏的方向想、往"消极"方向考虑，结果必然是源源不断的抱怨和不满，最后导致积郁成疾。

人生是漫长的，在这一生中总会遭遇各种各样的危机，这时，如果对未来感到绝望以致灰心丧气、一蹶而不振的话，那么你再也无法爬起来。只要换一个角度去看问题，你就会发现每个人必定有很多的优点，自然你也会有更多新的收获。

女人因智慧而美丽优雅

女人可以不美丽，但不能没有智慧，女性的智慧之美胜过于女性的容貌之美，因为随着时光流逝，女人美丽的容颜也会渐渐远去，然而她的心智却不会衰竭，它会超越青春，令智慧永驻。

英国作家毛姆曾说："世界上没有丑女人，只有一些不懂得如何使自己看起来美丽的女人。"女人有着漂亮的外表固然是一件值得庆幸的事情，然而漂亮的女人并不代表她有魅力、有气质，这种魅力与气质是需要后天修炼的。智慧就像是一件穿不破的衣裳，能够重塑女人的美丽，也能让女人的这份美丽历久弥新，也能让女人的美丽有着质的内涵。

女人的智慧之美，体现着一种独立自主的意识状态和自尊自重的情感状态。她们勇于接受来自于生活中各方面的挑战，善于从书中采撷智慧，她们的身上不再留有“男性附庸”的余味。她们蕙质兰心，聪明练达，超越了女孩子的天真稚嫩，也没有女强人的盛气凌人，遇人遇事泰然自若、处乱不惊，对人保持着一种若即若离的冷漠与距离，自然地流露出一种知性的魅力，展现出落落大方的风度。

知性女人既令男人心驰神往又令他们望而生畏，有种可望而不可及的惆怅之情。然而，知性女人也是生活在人间的凡人，她们也食人间的烟火，同样离不开油盐酱醋茶，也需要相夫教子，可见，大雅离不开大俗，这才是真正意义上的雅俗共赏。

灵性是女性的智慧，是包含着理性的感性。灵性的女人有着单纯的深刻，令人感受到无穷无尽的韵味与极致魅力。拥有灵性的智慧女人，性格当中有着一种弹性的张力，有着柔韧的性格，对人对事收放自如，既善解人意又善于在妥协中巧妙地坚持自己的主见，会让与之相处的人感到轻松与愉悦。她们身上有着独特的人格魅力，不但具有吸引力而且具有一种感知的影响力，不仅能够征服男人，还能够征服女人，智慧女性是知性与灵性的完美结合。

即使你没有美丽出众的容貌，没有魔鬼般的身材，没有轻盈的体态也不要紧，因为你可以修炼自己独特的魅力与气质，可以让自己变得优雅，可以让自己生活得精致。总体来说，女人的智慧魅力主要表现在以下几个方面：

1. 个性突出

罗兰说：“应该珍爱自己形体的缺陷，与其消除它们，不如改造它们，让它们成为惹人怜爱的个性特征。”每个人都有自己感觉自卑的地方，就如大多数女人都对自己的容貌不自信一样。容貌美虽然有着直接的影响力，但是，随着交往的加深，真正吸引人的是你的人格与突出的个性，这是你与众不同的地方。

2. 内心丰富

雨果说：“比大海宽阔的是天空，比天空更宽阔的是人的胸怀。”女人的心思比较细腻，考虑的问题会多一些，不妨让自己的内心丰富起来，做个有理想有知识的魅力女人，让自己的感性与理性在生活中大放夺目的光彩。

3. 志趣高雅

世界上没有完全相同的两片叶子，当然也不会有两个气质完全相同的女人。女人的气质与其人品、性情、学识、智力、思想情操以及经历是分不开的。有着良好的教养与修养是拥有优雅气质的前提，志趣高雅的女人会让自己的生活锦上添花，充满迷人的色彩。

4. 谈吐优雅

知性女人应有的美德：对长辈要礼貌尊敬，对同辈要谦逊温和，对幼者要呵护关爱。